커트가 쉬워진다!

살롱커트
노하우 **48** 가지

머리말

"교육받은 대로 했는데 왜 예쁘지 않지?"

"이런 상황에서는 어떻게 해야 하는 거지?"

"커트를 하면 왜 항상 지저분한 걸까?"

제 경험으로 볼 때, 교육 현장과 살롱에서

많은 헤어디자이너가 가장 궁금해하고, 또 가장 필요로 하는 건

고객에게 바로 적용할 수 있는 실전 테크닉입니다.

이론과 가발 연습만으로는

커트에 대한 진짜 자신감이 생기지 않기 때문입니다.

이 책에는 오랜 시간 살롱워크와 교육 현장에서 쌓아온 경험을 바탕으로,

헤어디자이너들이 커트를 할 때 마주하게 되는

가장 현실적인 고민과 궁금증에 대한 실질적인 해답을 담았습니다.

이 책이, 고객 앞에서 자신감을 잃은 디자이너들에게

조금이나마 힘이 되기를 바랍니다.

초보 디자이너부터 커트에 자신이 없는 경력자,

기본기를 다시 다지고 싶은 분들까지

모두가 이 책을 통해 커트를 조금 더 쉽고,

조금 더 재미있게 익히게 되길 바랍니다.

저자 **최준일**

CONTENTS

- 교육받은 대로 커트를 했는데 고객 머리가 예쁘지 않아요. 가발이랑 사람이랑 커트 각도가 틀리나요? ········ **08**
- 미디엄 레이어~ 롱 레이어 커트 시 뚜껑 머리가 되는 이유와 해결 방법 ········ **12**
- 분명히 사진이랑 똑같은 길이로 잘랐는데 사진보다 짧아 보여요(길어 보여요) ········ **16**
- M자 이마 잔머리 커트하는 방법 ········ **18**
- 단발 커트를 할 때 사이드 부분이 자꾸 짧아져요 ········ **22**
- 디스커넥션 커트의 길이 차이는 어느 정도가 좋은가요? ········ **27**
- 네이프에 가마가 있거나 모발이 너무 뜨면 어떻게 커트를 해야하나요? ········ **31**
- 질감 처리만 하면 머리가 지저분해요 ········ **37**
- 슬라이싱을 할 때 부드럽게 안 되고 뚝뚝 끊기는 느낌이에요 ········ **43**
- 남자 커트 시 M자 부분 파먹지 않는 방법 ········ **47**
- 납작한 두상을 살리려면 어떤 테크닉이 좋은가요? ········ **51**
- 커트할 때 가이드라인이 잘 안 보여요 ········ **55**
- 사이드 모발을 레이어 없이 가볍고 슬림 하게 자르는 방법 ········ **61**
- 투블럭 커트를 하면 자꾸 뚜껑머리가 되요 ········ **65**
- 세로싱글링을 할 때 흔들리지 않게 하는 방법 ········ **69**
- 귀 뒤로 넘기는 모발을 슬림 하게 커트하는 방법 ········ **74**
- 분명히 온 더 베이스로 커트를 했는데 점점 길어지거나 짧아져요 ········ **78**
- 사이드뱅 빠르고 쉽게 자르는 방법 ········ **83**
- 틴닝가위의 테크닉에는 뭐가 있나요? ········ **88**
- 틴닝 테크닉 중 이너 레이어는 무엇인가요? ········ **89**
- 틴닝 테크닉 중 이너 그레주에이션은 무엇인가요? ········ **91**
- 틴닝 테크닉 중 이너 스퀘어는 무엇인가요? ········ **93**
- 스퀘어라인의 풀뱅으로 자르고 싶은데 자꾸 양쪽이 길어져요 ········ **95**
- 커트할 때 왜? 언더, 미들, 오버로 섹션을 나눠서 하나요? ········ **101**
- 네이프는 슬림하게 후두부는 빵빵하게 커트하는 방법 ········ **103**

살롱커트 노하우 48가지

- 레이어드 커트를 할 때 자꾸 아웃라인을 파먹어요 — **106**
- 커트만으로 자연스럽게 넘어가는 앞머리 만들기 — **111**
- 모량이 많은 앞머리를 숱 치지 않고 가볍게 커트하는 방법 — **115**
- 레이어와 그레주에이션 둘 다 층이 생기는 스타일인데 무슨 차이가 있는 거에요? — **120**

꼭 알아야 할 커트 베이직!

- 커트를 하다보면 손가락하고 팔목이 아픈데 가위를 잡는 방법하고 상관이 있나요? — **126**
- 천체축과 두상각의 차이는 무엇인가요?? — **130**
- 3가지 테크닉, 3가지 형태, 3가지 베이스만 알면 모든 디자인의 커트가 가능하다 — **133**
- 커트의 3가지 형태 — **134**
- 라운드 커트는 무엇인가요? — **135**
- 스퀘어 커트가 뭐에요? — **138**
- 트라이앵글 커트란? — **141**
- 커트의 3가지 테크닉이란? — **144**
- 원랭스 — **145**
- 그레주에이션 — **146**
- 레이어 — **147**
- 커트의 3가지 베이스란? — **148**
- 온 더 베이스는 무엇이고 온 더 베이스로 커트하면 어떤 형태가 나오나요? — **149**
- 사이드 베이스는 무엇이고 사이드 베이스로 커트하면 어떤 형태가 나오나요? — **152**
- 오프 더 베이스는 무엇이고 오프 더 베이스로 커트하면 어떤 형태가 나오나요? — **155**
- 스타일에 따라 커팅 섹션도 바꿔야 하나요? — **158**
- 호리존탈 섹션으로 커트하면 어떤 스타일이 나오나요? — **159**
- 버티컬 섹션으로 커트하면 어떤 스타일이 나오나요? — **161**
- 다이애거널 섹션으로 커트하면 어떤 스타일이 나오나요? — **163**

두상의 섹션과 역할 및 주요 포인트

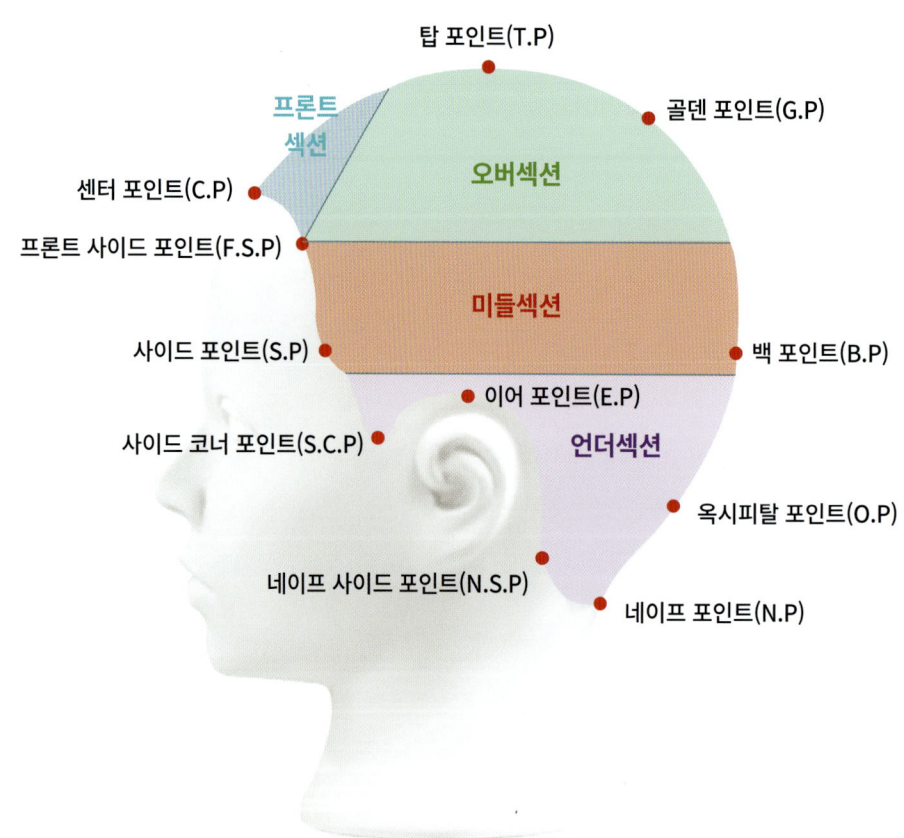

두상의 주요 섹션과 역할

1. 언더섹션
   - 헤어스타일의 길이와 아웃라인을 결정하는 부분이다.
   - 스타일의 기본 길이와 형태를 설정하는 가장 기본이 되는 부분이다.

2. 미들섹션
   - 디자인의 볼륨과 형태 등이 만들어지는 부분이다.

3. 오버섹션
   - 주로 율동감과 질감이 표현되는 부분으로, 스타일의 마무리를 결정하는 섹션이다.
     특히, 모든 스타일의 표면이 되는 섹션으로써 질감 처리 시 신중해야 한다.

4. 프론트 섹션
   - 이미지를 결정하는 중요한 부분으로 디자인에 따라 얼굴형을 보완하기도 한다.

2가지 커트 기준 각도

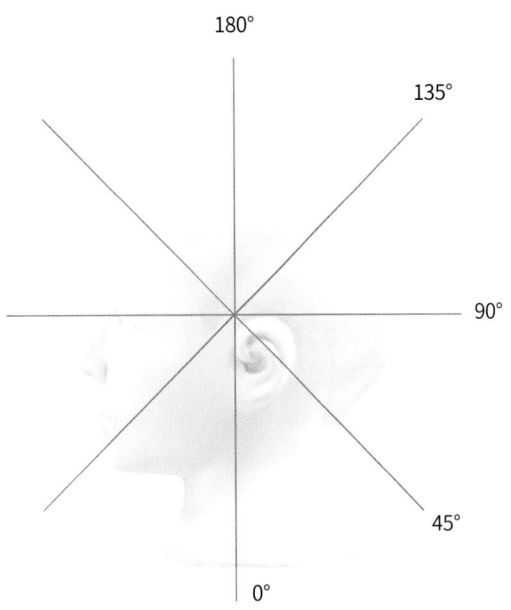

천체 축 기준 각도

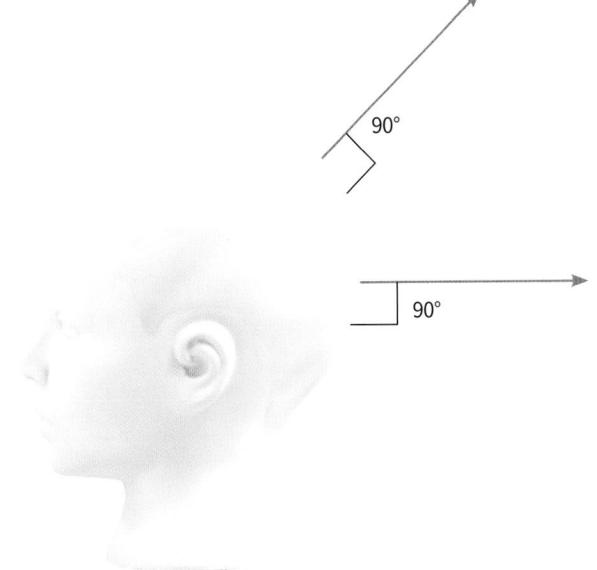

두상 기준 각도

1 교육 받은대로 커트를 했는데 고객머리가 예쁘지 않아요. 가발이랑 사람이랑 커트 각도가 틀리나요?

문제점

- 살롱에서 커트를 하다 보면 배운 대로 커트를 했는데 결과물이 다르게 나오는 경우가 많다.
- 특히 숏컷이나 보브컷처럼 볼륨이 강조되는 커트에서 많이 발생한다.
- 무게 포인트가 예상보다 높아져서 볼륨이 없어지거나,
  너무 짧아지는 등의 문제가 생긴다.

원인

- 보통 커트 교재나 교육은 동그란 두상(위그)을 기준으로 설명된다.
- 가발에 적용한 각도 그대로, 납작한 두상에 적용하면
  무게 포인트가 너무 높아져서, 볼륨이 없어지고 평평한 형태가 된다.
- 동양인의 경우 후두부가 납작하기 때문에 두상에 맞는 커트 각도를 설정해야 한다.

해결 방법

- 납작한 두상에 볼륨을 만들기 위해서는 커트 각도를 낮춰서 커트해야 한다.
- 커트 각도를 낮추면 무게가 쌓이고 볼륨을 컨트롤할 수 있다.

> **요약**
> - 살롱에서 커트 시 고객의 두상에 맞는 커트 각도를 설정해야 한다.
> - 동양인의 납작한 두상에는 커트 각도를 낮춰서 무게를 쌓고 볼륨을 만들어야 한다.

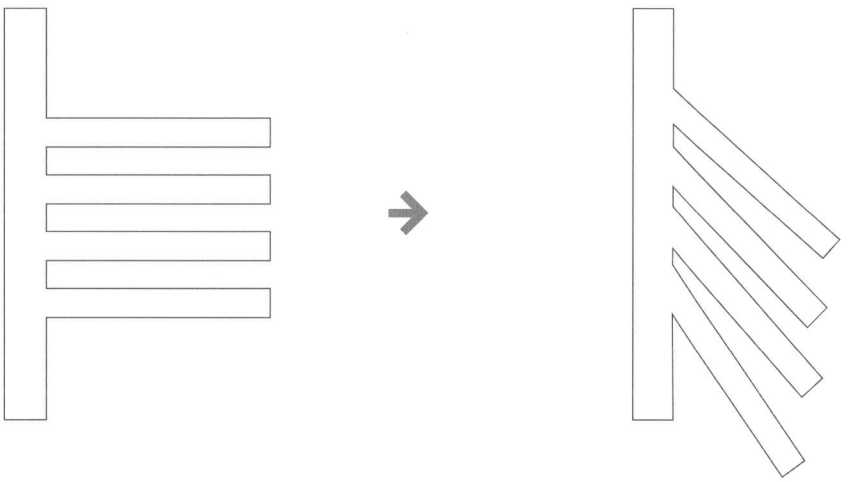

커트 각도가 높으면 무게가 쌓이지 않고 볼륨이 생기지 않는다.

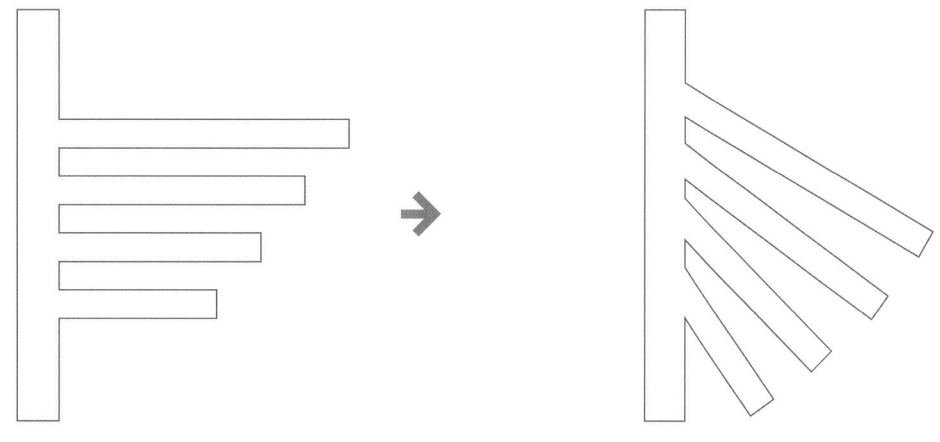

커트 각도가 낮으면 무게가 쌓이고 볼륨을 만들 수 있다.

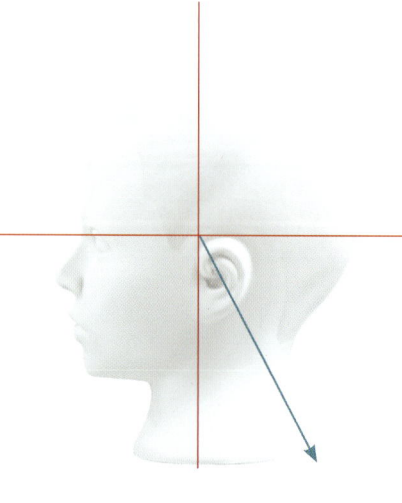

30°로 커트
끝부분이 많이 뭉치면서 무게가 쌓인다.

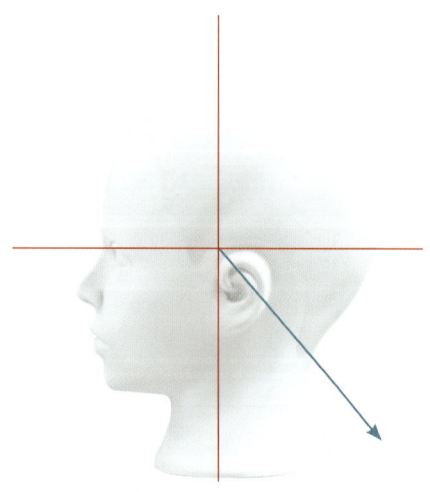

45°로 커트
30° 커트보다는 적지만 무게가 쌓인다.

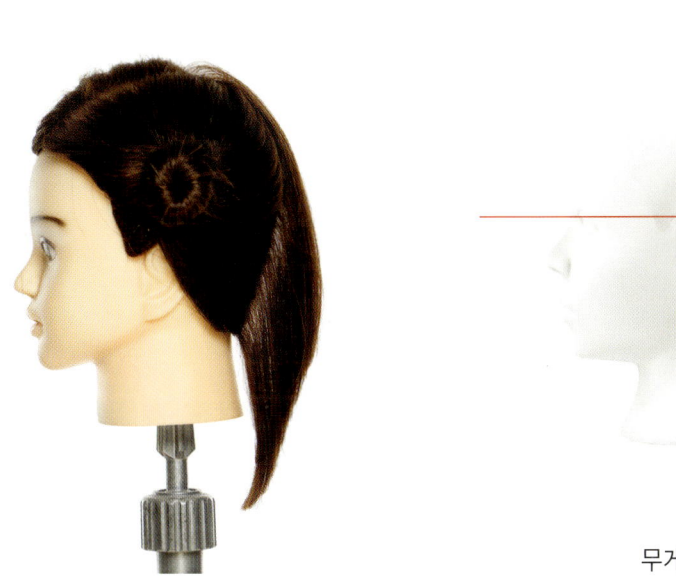
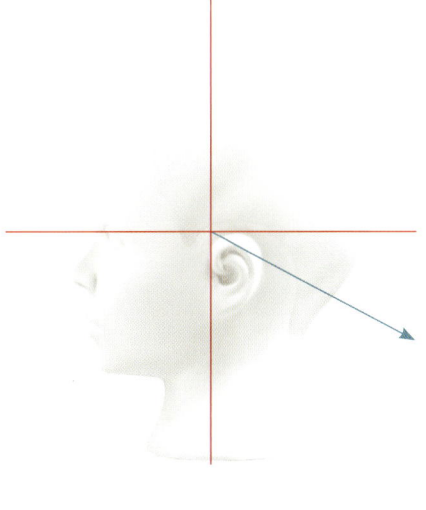

70°로 커트
무게가 거의 쌓이지 않는다.

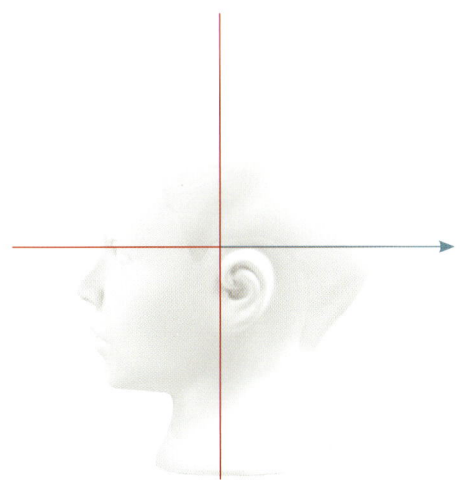
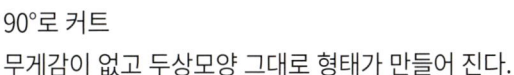

90°로 커트
무게감이 없고 두상모양 그대로 형태가 만들어 진다.

2. 미디엄 레이어~ 롱 레이어 커트 시 뚜껑머리가 되는 이유와 해결 방법

문제점

- 미디엄 레이어나 롱 레이어 스타일 커트 시, 아래쪽은 너무 가볍고 윗부분은 무거워지는 현상이(일명 '뚜껑머리') 발생하는 경우.

원인

- 두상의 구조적인 특징
  - 오버존은 경사가 완만하고 면적이 넓어서 모량이 많고 뭉치는 부분이다.
- 잘못된 커트 각도
  - 미들존과 오버존을 같은 90°의 각도로 커트를 진행하는 경우, 각도가 완만한 오버존의 모발은 뭉치고 무거워진다.

해결 방법

- 코너 제거
  - 오버존의 코너 부분을 제거하여 모발이 뭉치는 현상을 방지하고, 이를 통해 모발의 무게 분포를 고르게 하여 자연스럽고 경쾌한 레이어를 연출할 수 있다.
- 사람의 두상은 모두 다르기 때문에 두상의 구조와 모량을 파악하여 두상에 맞는 커트 각도를 설정해야 한다

> **요약**
>
> - 오버존에서 모발이 뭉치는 현상을 방지하기 위해 두상 구조를 정확히 이해하고, 커트 각도를 두상에 맞게 조정하며, 무게를 제거하는 작업이 필요하다. 이를 통해 레이어드 스타일의 가벼움과 경쾌함을 효과적으로 표현할 수 있다.

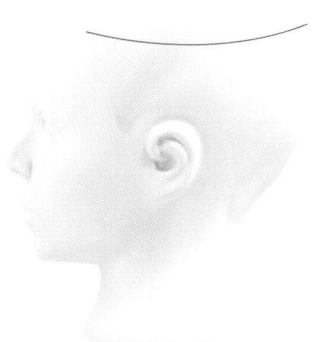

오버존은 두상이 평평하고 넓기 때문에 모량이 많이 뭉치는 곳이다.

오버존의 코너를 제거하면 모발이 뭉치는 현상을 막을 수 있다

90°로 커트 후 코너를 제거하지 않음

코너를 제거하지 않은 부분은
모발이 뭉쳐있다.
이런 경우
오버존의 뚜껑머리 현상이 발생한다.

코너를 제거함

코너를 제거하면
오버존의 모발이 뭉치는 현상을
방지하며 오버존과 미들존이
자연스럽게 연결된다.

3. 분명히 사진이랑 똑같은 길이로 잘랐는데 사진보다 짧아 보여요(길어 보여요)

문제점
- 고객이 원하는 스타일의 사진을 보며 상담을 하고 커트를 진행했는데 사진의 느낌보다 고객의 모발 길이가 너무 짧거나 길게 나오는 경우.

원인
- 고객과 사진 속 모델의 비교 분석 부족(상담부족)
- 고객의 신체적 특성에 따른 결과의 예측 실패

해결 방법
- 고객의 신체 조건 파악-고객과 상담할 때 모량, 모질, 두상, 체형, 개별적인 특성을 상세히 파악한다. (특히 목의 길이를 체크해야 한다.)
- 충분한 상담 -고객이 원하는 스타일을 정확히 이해하고, 해당 스타일이 고객의 신체 조건에 어떻게 어울릴지 충분히 설명한다.
- 예상 결과 공유-고객이 선택한 스타일이 실제로 어떻게 구현될지, 예상 결과를 시각적으로 설명하고 고객의 동의를 구한다.

예시
- 고객이 어깨에 닿지 않는 단발을 원한다고 할 때, 단순히 요구대로 커트하는 것만으로는 만족스러운 결과를 보장할 수 없다. 목이 긴 고객은 머리 길이가 짧아 보이고, 목이 짧은 고객은 머리 길이가 길어 보일 수 있기 때문이다.

> **요약**
> - 고객의 모량, 모질, 두상, 체형 등을 충분히 참고한다.
> - 충분한 상담을 통해 스타일이 실제로 어떻게 구현될지 예상 결과를 공유하여 고객의 요구와 실제 결과 사이의 차이를 최소화 한다.

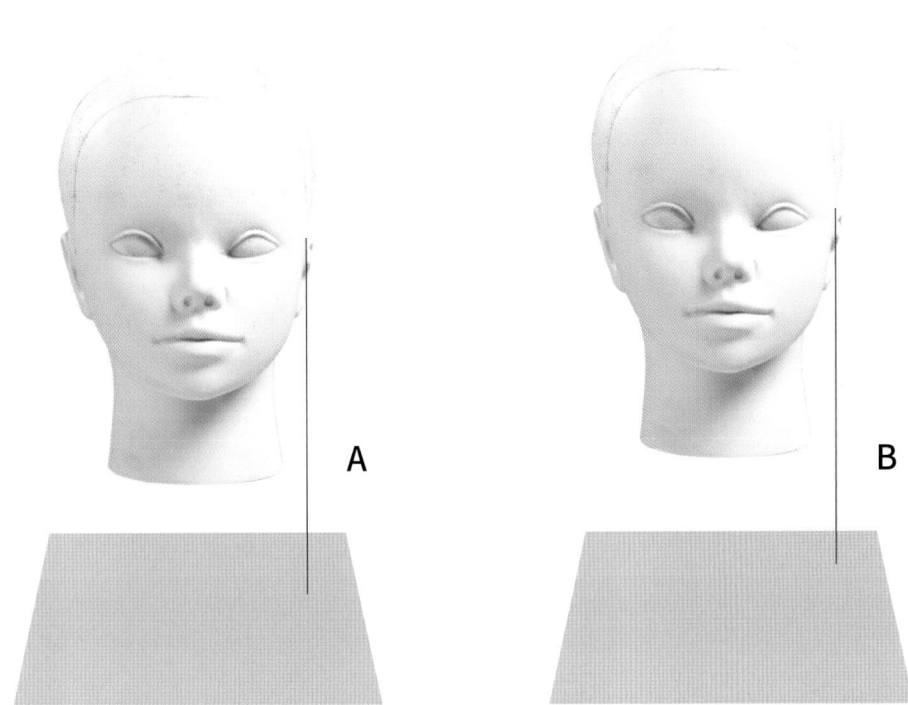

A와 B는 똑같은 길이지만
목 길이에 따라 전체적인 길이가 틀려 보인다.

4. M자 이마 잔머리 커트 하는 방법

잔머리 커트는 이마의 M자 라인을 따라 잔머리를 만들어,
프론트 코너 부분을 자연스럽게 가려주는 커트이다.
가장 예민한 헤어라인의 모발을 자르는 작업인 만큼,
모발의 상태를 정확히 파악하고 신중하게 진행해야 한다.

모발 상태 체크

- 모질이나 볼륨을 파악하여 진행 가능 여부와 추가 시술이 필요한지를 파악한다.
- 모발 위치-커버해야 할 부분과 커버할 모발의 위치를 파악한다.
- 모질이 너무 두껍거나 곱슬머리, 심하게 뜨는 경우에는
  시술 후에도 부자연스러움 때문에 만족도가 높지 않으므로 추천하지는 않는다.

다운펌 작업

- 모발이 뜨는 경우에는 모발을 가라앉혀 자연스러운 잔머리 느낌을 주기 위해 다운펌을 진행하기도 한다.
  페이스라인 근처의 모발은 가늘고 약한 경우가 많아 다운펌제의 파워가 너무 강하면
  모발이 손상되거나 끊길 수 있으므로 이를 방지하기 위해서는 각각의 모질에 따라
  펌제를 다르게 사용해야 한다.

잔머리 커트 전
M자 모양의 이마

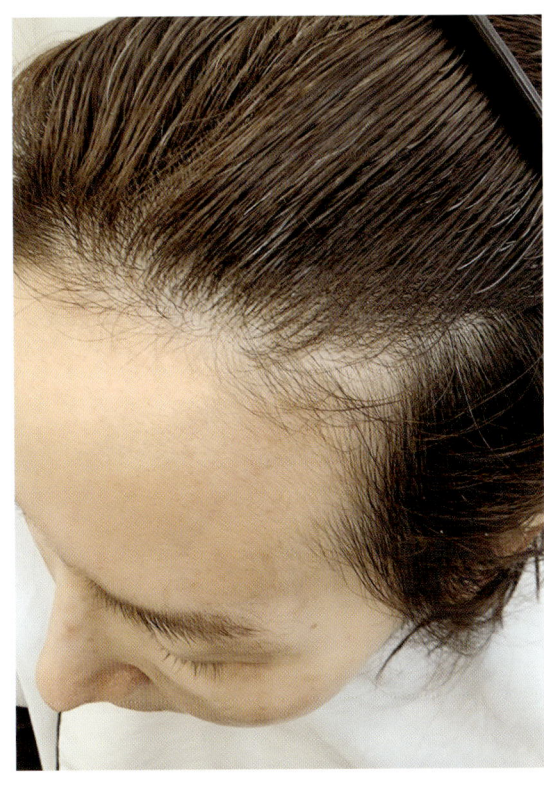

잔머리 커트 후 코너부분이
자연스럽게 가려진 모습

잔머리 커트방법

1. 패널의 두께는 1~2mm 정도가 좋다. 너무 두꺼우면 잔머리의 느낌보다 짧은 머리의 느낌이 더 강하다.

2. 지그재그 섹션을 사용한다. 직선으로 섹션을 나눌 경우 잔머리의 자연스러운 느낌이 표현되지 않는다.

3. 모발이 한쪽으로 방향성을 가질 수 있도록 사선으로 커트한다.

4. 질감처리로 모발끝을 불규칙하고 가볍게 만들어준다.

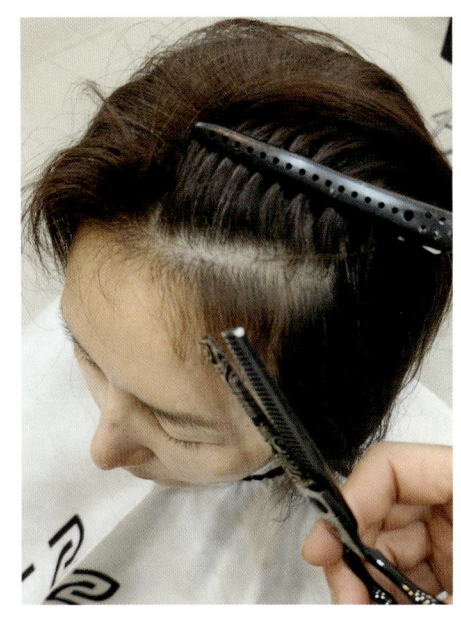

5. 단발 커트를 할 때 사이드 부분이 자꾸 짧아져요

문제점

- 단발 커트 후, 사이드 모발이 생각보다 짧아지는 현상

원인

- 모발의 텐션 조절 실패
  - 사이드 모발은 귀 부분에 모발이 없으므로, E.P (Ear Point) 윗부분의 모발이 사이드의 아웃 라인이 된다.
  - 커트 시 과도한 텐션을 주고 커트를 하게 되면, 모발이 건조될 때 모발 자체의 힘이나 귀 때문에 모발이 뜨면서 길이가 짧아진다.

- 두상의 각도 조절 실패
  - 머리를 숙인 상태에서 커트를 시작하는 경우, 언더존의 커트를 마치고 미들존 커트가 진행될 때는 머리를 원위치시켜야 한다. 하지만 계속 머리를 숙인 상태에서 진행할 경우, 커트가 끝나고 머리를 들었을 때 사이드 모발이 짧아진다.

해결 방법

- 두상의 각도 조절
  - 머리를 숙인 상태에서 언더존의 커트가 끝난 후 미들존, 오버존으로 커트가 진행되면 머리를 원위치로 되돌린다.
  - 사이드 커트를 진행하기 전에 반드시 머리 위치가 올바른지 확인한다.

- 모발의 텐션과 길이 조절
  - 커트 시 손으로 모발을 잡으면 텐션이 가해지므로, 빗의 굵은 살 부분으로 텐션을 최소화한다.
  - 사이드 모발을 조금 더 길게 자른 후, 리파인 작업 시 길이를 조정한다.

> **요약**
>
> - 원랭스 커트 시, 사이드 모발이 짧아지는 현상을 방지하려면 커트 진행 중 머리 위치를 올바르게 유지하고, 빗의 굵은 살 부분을 사용하여 텐션을 줄이며, 필요 시 목표한 길이보다 조금 길게 자른 후 리파인 작업을 통해 길이를 조정한다.

사이드 모발이 짧아지는 원인과 해결 방법

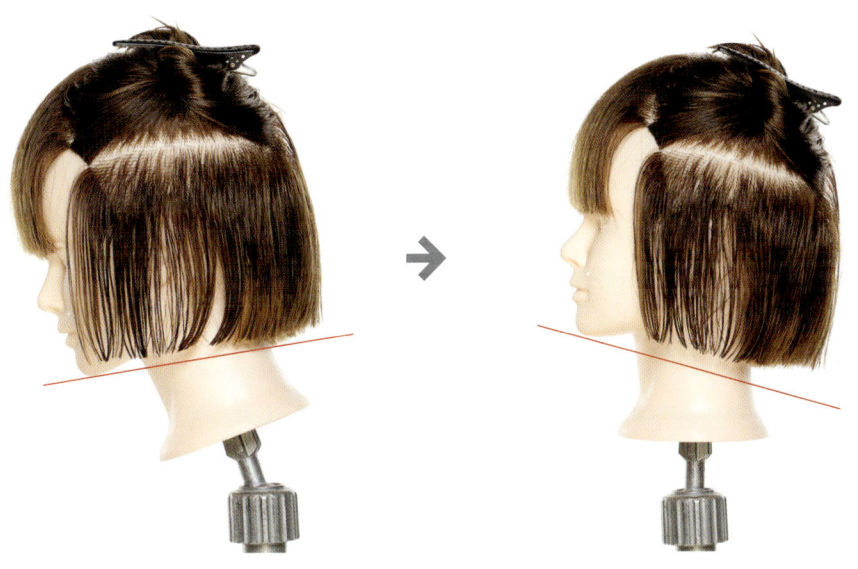

언더존 커트가 끝난 후 머리를 원위치시키지 않고
미들존 커트를 진행하면 커트가 끝난 후 머리를 들었을 때
사이드의 모발이 짧아진다.

사이드 모발이 짧아지는 원인과 해결 방법

과도한 텐션은
커트 시 모발이 당기게 되고
모발 건조 후에는 길이가 짧아진다

굵은 빗살을 사용하여 최대한 텐션을
주지 말아야 하며,
특히 모발을 손가락으로 잡을 때
모발이 당겨지지 않도록
주의해야 한다.

사이드 모발이 짧아지는 원인과 해결 방법

커트 후 귀가 튀어나온 부분 때문에
모발이 짧아질 수 있다.

커트 전 귀 윗부분을 터치해서 길이를 조정하거나
처음부터 여분의 길이를 확보하고
커트를 진행하면
건조 후 모발이 짧아지는 걸 방지할 수 있다.

사이드 모발이 짧아지는 원인과 해결 방법

 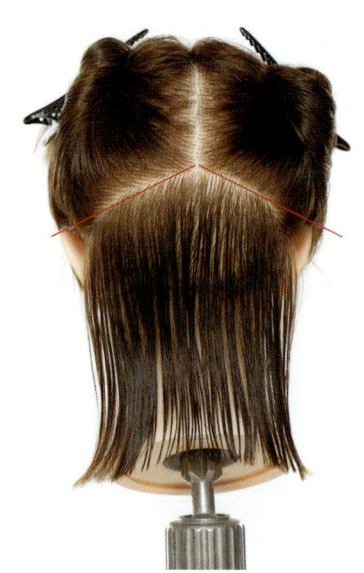

사선섹션을 사용하여
사이드의 길이를 조금 더 길게 자른다.

모발이 마르면 사이드의 길이는 짧아지므로
이를 대비하여 약간 길게 자르는 게 좋다

6. 디스커넥션 커트의 길이 차이는 어느 정도가 좋은가요?

디스커넥션 테크닉의 길이 차이는 정해진 건 없지만
길이의 차이가 너무 심하면 스타일의 연결성이 떨어지므로
보편적으로 3cm 전후로 단차를 둘 때 가장 자연스럽다.
물론 디자인에 따라 더 커질 수도 있다.

디스커넥션 테크닉의 장점

- 틴닝 가위를 사용하지 않고도 모량을 줄일 수 있다.
- 똑같은 레이어 컷이라도 중간에 디스커넥션 테크닉을 사용하면 공기 감이 생겨 훨씬 경쾌한 율동 감을 만들 수 있다.
- 납작한 두상을 보완할 수 있다.
- 각 섹션별로 다른 형태를 조합하여 다양한 디자인을 만들어낼 수 있다.

POINT

- 디스커넥션 테크닉은 기본 원리만 이해하면 전혀 어렵지 않으며,
  기존의 연결되는 커트가 가지는
  한계를 극복할 수 있기 때문에 더욱 다양한 디자인을 만들어 낼 수 있다.

살롱 웍에서 디스커넥션의 길이 차이는, 보통 3~4cm 정도가 좋다.

길이 차이가 너무 심하면 스타일의 연결성이 떨어지고
고객이 손질하기에 불편할 수도 있기 때문이다.

보편적으로 3cm 전후로 차이를 둘 때 가장 자연스럽다
물론 디자인에 따라 길이 차이가 커질 수도 있다.

레이어드 사이 사이에
디스커넥션 테크닉을 사용하면
공기감이 생기고
훨씬 경쾌한 율동감을 만들 수 있다.

틴닝 사용을 최소화하며,
네이프 부분을
슬림하게 디자인 함 으로써
납작한 두상을 효과적으로
보완할 수 있다.

7. 네이프에 가마가 있거나 모발이 너무 뜨면 어떻게 커트를 해야하나요?

문제점

- 단발이나 숏컷을 디자인할 때, 네이프에 가마가 있거나
  모발이 심하게 뜨는 고객일 경우 네이프가 부풀어 올라서 디자인의 완성도가 떨어진다.

커트 방법

- 모류가 역방향이거나 심하게 뜨는 위주로 과감하게 잘라낸다.
  단, 전부 잘라내면 스타일이 나오지 않으므로 심한 부분은 잘라내고
  모질이 가늘거나 부드러운 경우 틴닝으로 조절하여 볼륨을 죽이면서
  모량은 최대한 보존한다.
- 모량이 뭉치는 부분을 틴닝으로 조절하여
  모량의 분포를 동일하게 만든다.
- 마지막 단계에서 브런트 가위로 모량이 많이 줄어든 부분의
  아웃라인을 선명하게 만들어 준다.

요약

- 네이프에 가마가 있거나 모발이 심하게 뜨는 경우에도
  단발이나 숏컷을 디자인할 수 있다.
  모류가 역방향이거나 뜨는 모발을 과감하게 정리하고, 모량을 조절하며
  아웃라인을 선명하게 정리하여 스타일을 완성한다.
  필요시, 펌을 통해 추가 교정을 할 수 있다.

네이프에 가마가 있는 경우 커트방법

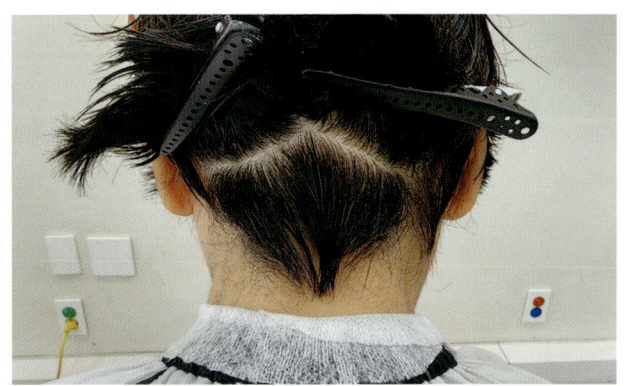

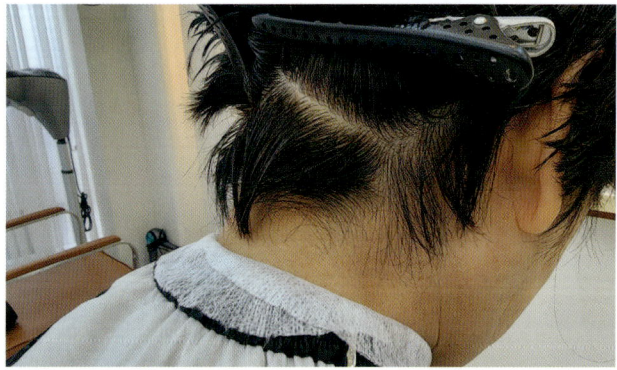

네이프의 양쪽 모발이 중앙으로 몰리는 현상이 매우 심하다.

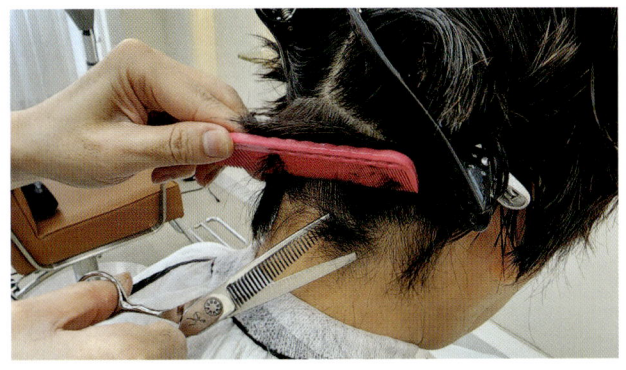

1. 역방향으로 자라난 모발의 양을 감소시키거나
잘라주면 윗부분의 모발이 들뜨는 현상을 방지할 수 있다.

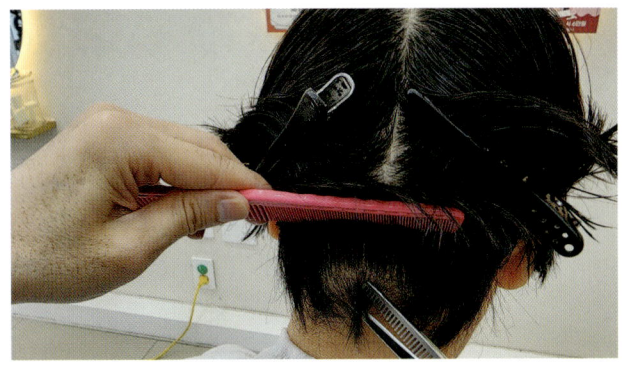

2. 네이프 중앙은 양쪽에서 모발이 모이고
모량이 많이 뭉치기 때문에 양쪽 끝에 맞춰서 모량을 줄여준다

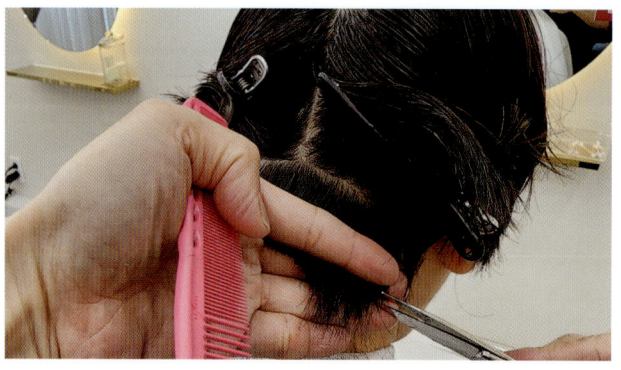

3. 윗 섹션은 그레주에이션이나 디스커넥션을 이용하여
덮어서 눌러준다는 느낌으로 커트한다.

4. (윗섹션)끝선의 무거운 부분은 1번의 모량을 줄인 부분과
자연스럽게 연결되도록 한다.

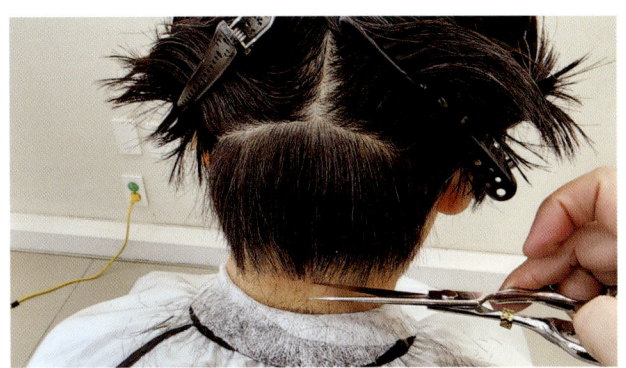

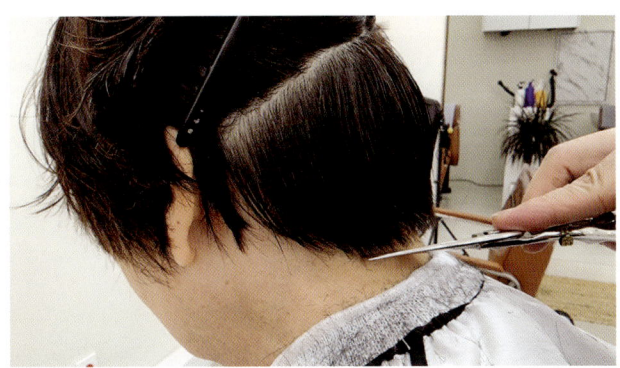

5. 아웃라인을 깔끔하게 정리한다.

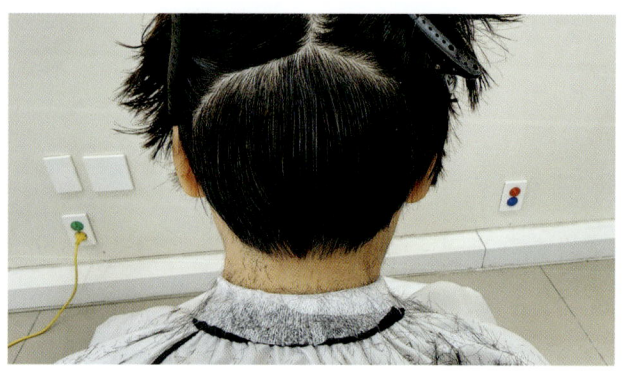

6. 전체적인 디자인을 고려하여 아웃라인을 완성한다.

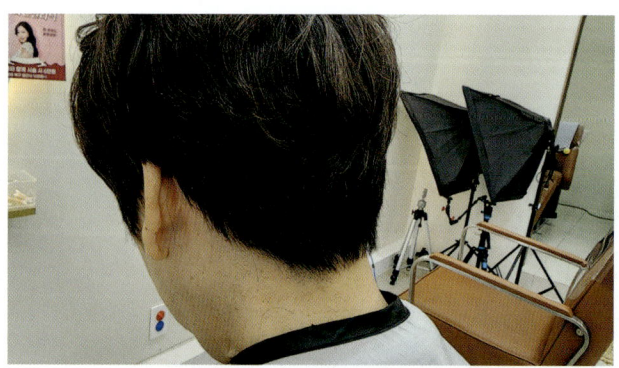

7. 블로우 드라이만 한 상태:
네이프의 가마가 보이지 않으면서 슬림한 스타일이 완성됐다.

8. 질감 처리만 하면 머리가 지저분해요

문제점

- 질감 처리 후 커트 라인이 없어지고 지저분해지는 현상.
- 베이스 컷은 제대로 했는데 질감 처리 후 생각한 것과 다른 스타일이 되는 경우

원인

- 원하는 느낌이나 커트 라인을 고려하지 않은 과도한 틴닝 사용
- 각 테크닉의 방법과 결과물에 대해 정확히 이해하지 않고 테크닉을 사용한 경우.
- 테크닉의 사용 위치가 잘못된 경우.
  EX) 모발 표면을 담당하는 오버 존에 틴닝을 과도하게 사용하면
  　　표면의 질감이 거칠어지고 지저분하게 된다.

해결 방법

- 각 테크닉의 방법과 결과에 대해 정확히 이해하고 사용한다.
  - 슬라이싱- 모량을 줄이면서 자연스러운 결감을 만드는 데 사용.
  - 포인트 컷- 모발 끝을 가볍게 하고 모발의 뭉침을 없애준다.
  - 틴닝- 모량을 조절하고 가벼운 질감을 만드는 데 사용.
- 적절한 테크닉 사용-각 테크닉의 사용 부위와 특징을 고려하여 적절히 사용한다.
  - 이너그라, 이너레이어, 룻츠틴닝 등-각 틴닝 테크닉을 정확히 익히고,
  　적절한 부위에 사용하여 원하는 결과를 얻는다.

> **요약**
>
> - 질감 처리를 할 때 각 테크닉의 방법과 결과에 대해 정확히 이해하고 사용해야 한다.
>   특히, 스타일의 표면을 담당하는 오버 부분에서는 더욱 조심하여야 한다.

커트가 쉬워진다!

그레주에이션의
볼륨 라인이 선명하게 보이는 상태.

과도한 틴닝 또는 질감 처리로 인해
볼륨 라인이 없어진 상태

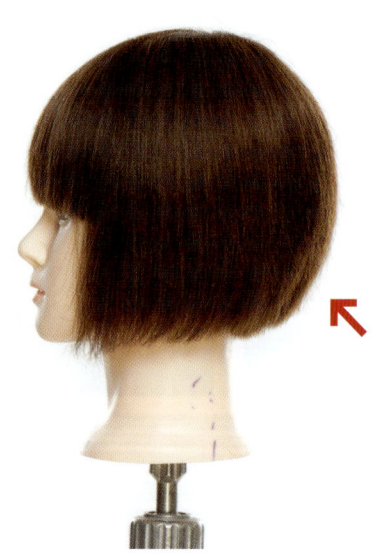

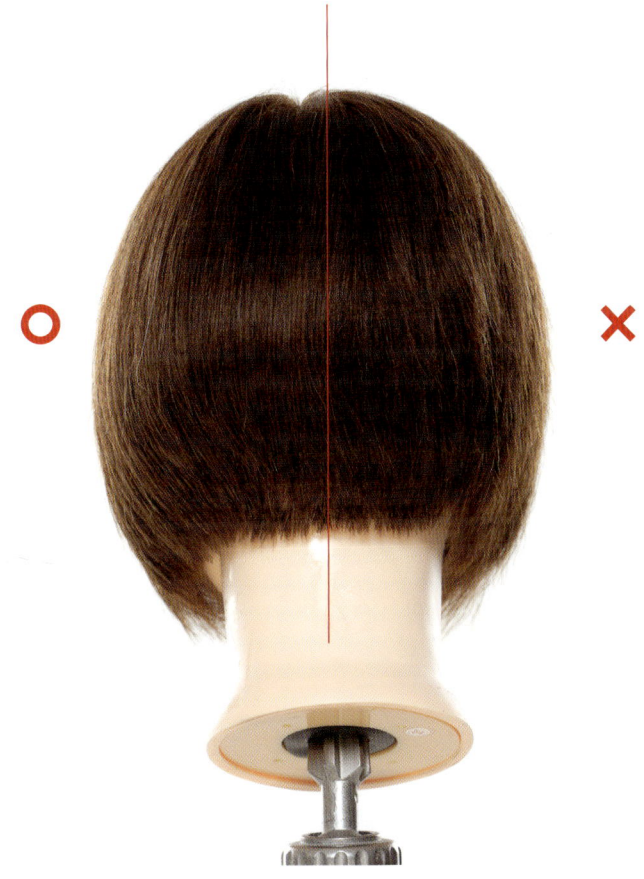

왼쪽[질감 처리가 잘 된 경우]은
볼륨과 형태가 잘 보이고

오른쪽[질감 처리가 잘못된 경우]은
볼륨과 형태가 없고
표면이 부스스하다.

질감 처리 시 부분별 추천 테크닉과 그 이유

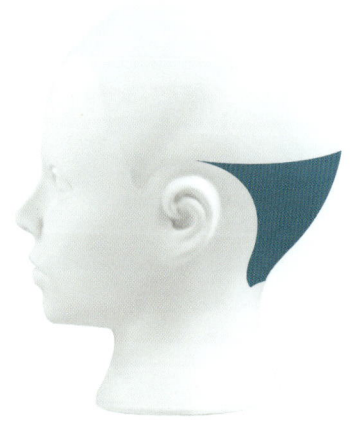

1. 언더존 추천 테크닉
틴닝, 슬라이싱, 포인팅 등

2. 이유
언더존은 모량이 제일 많고 뭉치는 부분이며,
스타일의 표면으로 나타나는 부분이 적기 때문에
틴닝, 슬라이싱, 포인트 컷 등
여러 가지 테크닉을 자유롭게 선택하여 사용하면 된다.

질감 처리 시 부분별 추천 테크닉과 그 이유

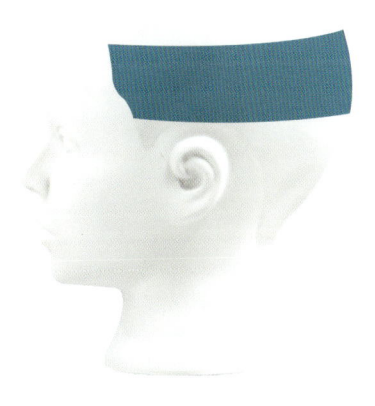

1. 미들존 추천 테크닉
슬라이싱, 포인팅, 틴닝[주의 필요]

2. 이유
미들존 부터는 디자인과 움직임이 표현되는 부분이므로
표면이나 라인에 나타날 결과를 예측하며 커트를 진행해야 한다.

슬라이싱, 포인트 컷 등의 제한적인 테크닉을 사용하여
결감과 형태에 집중해야 한다.
틴닝 사용 시에는 사용 목적에 맞는 테크닉을 사용하여
무게 라인이나 형태가 바뀌지 않도록 해야 한다.

질감 처리 시 부분별 추천 테크닉과 그 이유

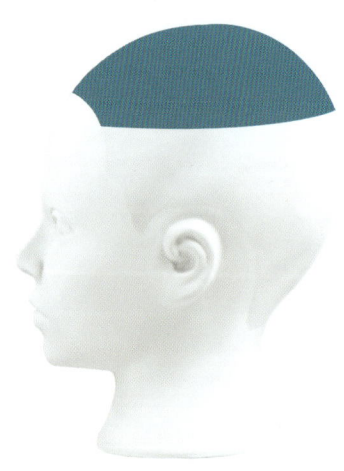

1. 오버 존 추천테크닉
슬라이싱, 포인트

2. 이유
오버 존은 모든 스타일의 표면이 되는 부분이므로
잘못하면 스타일 전체가 부스스하고 지저분해지기 쉽다.

슬라이싱으로 양감과 결감을 조절하고
포인트 컷으로 라인을 마무리하는 걸 추천한다.

9 슬라이싱을 할 때 부드럽게 안 되고 뚝뚝 끊기는 느낌이에요

문제점

- 슬라이싱을 할 때 모발이 뜯기거나 모발 중간이 뚝뚝 끊기는 현상이 생긴다.

원인

- 슬라이싱 테크닉의 기본 원리와 목적을 충분히 이해하지 못한 경우.
- 모발을 자르지 않고 긁어내리기 때문.

해결 방법

- 슬라이싱 테크닉 이해
  - 슬라이싱은 가위가 미끄러지듯이 움직이면서 모량을 감소시키는 테크닉으로, 깊이와 양 등을 조절하며 다양한 질감을 표현할 수 있다.
- 가위 사용 방법 개선
  - 가위로 슬라이싱을 할 때는 레자처럼 긁는 것이 아니라, 가위가 개폐되면서 모발을 자르는 것이다.
  - 가위의 움직임과 가위 개폐 속도의 밸런스를 맞추어 모발을 부드럽고 균일하게 자른다.
- 충분한 연습
  - 모든 테크닉이 그러하듯, 정확한 이론을 바탕으로 충분한 연습을 통해 슬라이싱 테크닉을 몸으로 익혀야 한다.

> **요약**
>
> - 슬라이싱을 할 때 모발이 뜯기거나 중간이 끊기는 현상을 방지하려면, 슬라이싱 테크닉의 기본 원리를 이해하고 가위를 사용하는 방법을 개선해야 한다. 손목 스냅과 가위 계폐 속도의 밸런스를 맞추어 모발을 부드럽고 균일하게 자를 수 있도록 충분한 연습이 필요하다.

모발이 끊기지 않게 슬라이싱 하는 방법

1. 목적에 따라 어느 지점부터 슬라이싱이 들어갈지를 정한다.
- 전체적인 모량감소를 원하면, 모근 가까이
- 움직임이나 자연스러운 질감 등을 원하면, 중간 부분부터

2. 가위를 조금씩 닫으면서 미끄러지듯이 부드럽게 잘라주면 된다. 이때 가위가 닫히는 속도와 가위가 움직이는 속도의 밸런스에 주의한다.

3. 가위가 닫히는 속도와 움직임과의 밸런스가 잘 맞으면 모발 끝 쪽에 왔을 때 가위가 완전히 닫히면서 커트가 끝난다.

가위가 움직이는 속도와 닫히는
속도의 밸런스가 잘 맞으면 부드럽게 잘리고
그렇지 않을 경우에는 모발이 끊기거나 뜯기는 현상이 발생한다.

커트가 쉬워진다!

10 남자 커트 시 M자 부분 파먹지 않는 방법

문제점

- M자 이마를 가진 고객의 앞머리를 커트할 때, 양쪽이 짧아져서 앞머리가 V자 형태가 되는 현상.

원인

- M자가 심한 고객의 경우 프론트 부분까지 온베이스로 커트를 진행하면
  M자 헤어라인의 모양 그대로 커트라인도 M자가 된다.
  보통, 일반적인 남성 컷이나 여성 숏컷을 할 때 많이 생긴다.

해결 방법

- 탑 부분은 온베이스로 시작하지만, 앞으로 갈수록 뒤쪽으로 오버디렉션하면서
  커트를 진행한다. 제일 앞쪽을 자를 때는 패널이 헤어라인 앞쪽으로
  가지 않게 뒤로 당겨서 커트한다.

- 프론트라인을 먼저 잘라서 아웃라인을 만들어 놓는다.
  경험이 많지 않은 디자이너에게는 미리 아웃라인을 설정하는 방법이 더 좋을 수 있다.

> **요약**
>
> - M자 이마를 가진 고객의 앞머리를 커트할 때는 온 베이스로 커트하지 않고,
>   오버디렉션을 활용하여 뒤로 당겨 커트하거나
>   먼저 아웃라인을 설정한 후 커트를 진행하면
>   앞머리가 V자 형태로 잘리는 현상을 방지할 수 있다.

커트가 쉬워진다!

Side base 또는 off the base cut

on the base cut

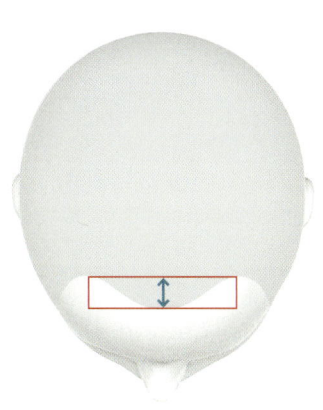

온 더 베이스로 자를 경우
M자 헤어라인의 모양과 같은
M자 커트라인이 생긴다.

커트가 쉬워진다!

↓

M자 헤어라인(★) 뒤쪽으로 당겨서 자르면
M자 헤어라인의 영향을 받지 않고
원하는 커트라인을 만들 수 있다.

11. 납작한 두상을 살리려면 어떤 테크닉이 좋은가요?

대부분의 동양인은 두상이 납작하기 때문에
두상 형태 그대로 커트를 하면 아름다운 형태가 나오지 않는다.
서양인이나 위그처럼 두상 자체에 볼륨이 있다면 레이어만으로도
아름다운 형태를 만들 수 있지만, 동양인은 그렇지 않다.
따라서 커트를 할 때 두상을 충분히 고려하고 이에 맞는 테크닉을 사용해야 한다.

볼륨을 만들기에 좋은 테크닉-그레주에이션

- 그레주에이션 테크닉
  - 원하는 지점부터 모발을 겹겹이 쌓아 올려,
    두상을 보완하면서 충분한 볼륨을 만들 수 있다.

> **요약**
>
> - 그레주에이션 테크닉을 사용하면,
>   동양인의 납작한 두상도 아름답고 볼륨감 있는 스타일로 완성할 수 있다.
>   두상 형태에 맞은 적절한 테크닉을 사용하는 게 중요하다.

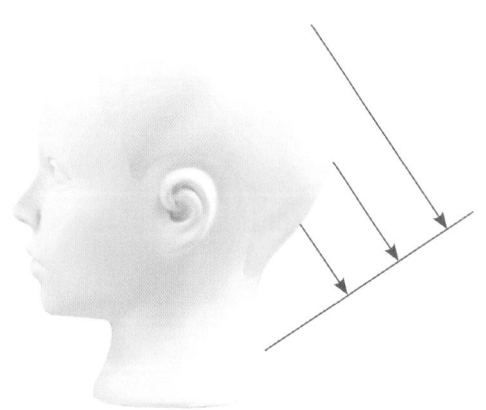

그레주에이션은
겹겹이 모발을 쌓아 올려서
볼륨을 만들기에 좋은 테크닉이다.

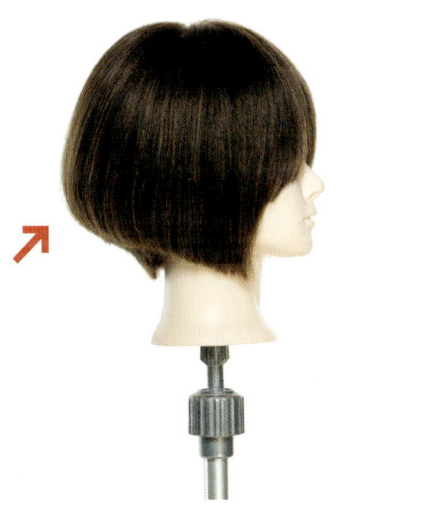 

무게 라인이 선명하게 보이고
볼륨이 만들어진다.

레이어는
90° 이상으로 커트를 하기 때문에
무게가 쌓이지 않으며
무게라인이 생기지 않는다.

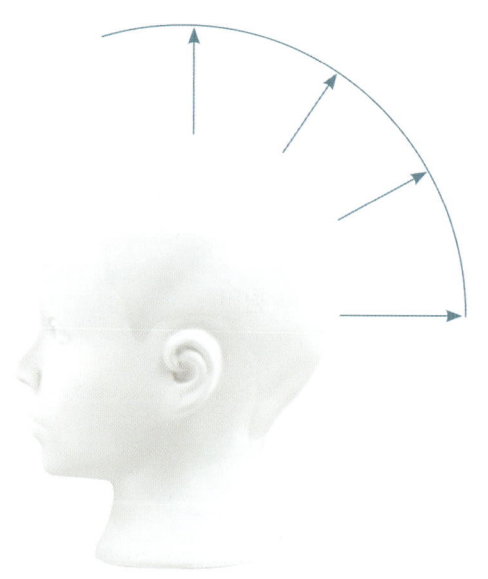

레이어는
무게라인이 생기지 않고
두상 모양대로 형태가 만들어진다.

12. 커트할 때 가이드라인이 잘 안 보여요

문제점
- 커트를 할 때 가이드라인이 명확하게 보이지 않으면 의도한 형태와 전혀 다른 결과물이 나온다.

원인
- 수분 부족
  - 모발에 충분한 수분이 없으면 모발이 흩어져 가이드라인이 명확하게 보이지 않는다.
- 모량
  - 자르려는 패널이 너무 두꺼우면, 뒤에 있는 가이드가 앞쪽의 모발에 가려서 잘 보이지 않는다.
- 가이드와 길이 차이
  - 가이드와 자르려는 모발의 길이 차이가 적을 경우, 가이드와 자르려는 모발이 혼동된다.

해결 방법
- 지속적인 수분공급
  - 수분은 시간이 지나면서 없어지기 때문에 커트를 하는 중간중간에 계속 수분공급을 해야 한다.
- 모량에 따른 두께 조절
  - 모량이 많다면 패널의 두께를 얇게 조절한다.
- 정확한 각도와 디렉션
  - 가이드와 자르려는 모발의 길이 차이가 충분하지 않을 때는 각도와 디렉션을 정확히 유지해야 가이드라인이 잘 보인다.

> **요약**
> - 커트 시 첫 가이드를 신중하게 정해야 원하는 결과를 얻을 수 있다.
>   이를 위해 모발에 충분한 수분을 유지하고,
>   자르려는 패널의 모량을 적절하게 조절하며, 각도와 디렉션을
>   정확히 유지하고, 중간중간 가이드를 체크하면서 작업을 진행해야 실수를 줄일 수 있다.

수분이 충분하지 않으면
가이드라인이 선명하게 보이지 않는다.

모발에 수분이 충분하면
가이드라인이 정확하게 보인다.

패널이 너무 두꺼우면
가이드 라인이 잘 보이지 않는다.

패널두께가 적당할 때
가이드라인이 선명하게 보인다.

가이드의 길이와 커트를 진행해야 할 패널과
길이 차이가 적은 경우에도,
가이드를 놓치기 쉽다.
이런 경우에는
각도와 디렉션을 정확하게 체크해야 한다.

13 사이드 모발을 레이어 없이 가볍고 슬림하게 자르는 방법

커트 작업 시

- 숏컷이나 보브컷 등의 커트를 할 때
  - 레이어드를 사용하지 않고 가벼운 느낌을 표현해야 할 때가 있는데,
    질감 처리만으로는 원하는 스타일을 만들기가 쉽지 않다.
    이럴 때 가장 좋은 방법은 디스커넥션 테크닉을 사용하는 것이다.

커트 방법

- 무게를 제거해야 할 사이드 부분을 섹셔닝 한다.

- 섹셔닝 한 블록을 레이어로 잘라 무게를 제거한다.
  (이때 아웃라인이 잘리거나,
  너무 가벼워지지 않도록 주의해서 자른다.)

- 사이드의 레이어 부분은 오버 존이나 백사이드와 연결하지 않는다.

디스커넥션 테크닉의 장점

- 디스커넥션을 사용하면 필요 없는 층이 생기는걸 을 방지하고,
  틴닝이나 슬라이싱 등을 사용하지 않고도 모발의 양감과 질감을
  컨트롤할 수 있다.

- 과도한 질감 처리로 인해 스타일이 지저분해지는 걸 막을 수 있다.

커트라인이 무너지지 않게 가벼운 느낌만 표현됐다.

가벼운 느낌을 표현하고 싶을 경우
디스커넥션을 사용하면
질감 처리나 추가 레이어드 없이
디자인의 완성도를 높일 수 있다.
틴닝가위나 질감 테크닉을 잘못 사용할 경우
커트라인이 무너지거나 지저분한 결과물이 나올 수 있다.

커트 방법

1. 디스커넥션 할 사이드의 섹션을 나누어 준다.

백사이드 부분을 사선 섹션으로 하는 이유는 사이드와 백의 연결을 자연스럽게 하기 위해서다.

2. 사이드를 위로 당겨서 자른다.
이때, 아웃라인까지 자르지 않도록 주의한다.

3. 커트가 끝난 사이드모발[1]은
백 사이드부분[2]과 연결하지 않는다.

14 투블럭 커트를 하면 자꾸 뚜껑머리가 돼요

문제점

- 투블럭 커트를 했는데 오버존과 미들존이 연결되지 않고 뚜껑처럼 보임

원인

- 모질이나 모량등 모발의 특성을 고려하지 않고
  오버존 전체를 미들존과 디스커넥션 할 경우
  오버존의 모발이 뜨면서 미들존과 분리돼 뚜껑처럼 보이게 된다.

뜨는 모발 투블럭 커트 방법

- 사이드는 오버존과 디스커넥션,
  백사이드와 백은 오버존과 미들존을 연결한다.

- 이어백 포인트를 기준으로 프론트 방향으로는
  사이드베이스 또는 오프더베이스로 오버디렉션하여 투블럭을 만들고
  이어백포인트 뒤쪽으로는 온베이스를 사용하여
  미들존과 오버존이 연결되게 커트한다.

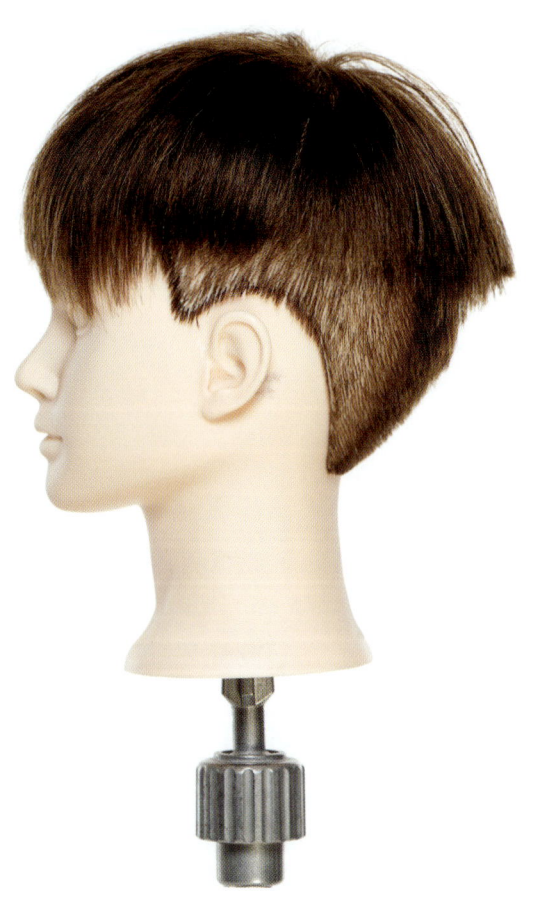

투블럭 커트 시 오버존과 미들존 전체를 연결되지 않게 자르면
모질이나 두상 등에 따라서 백 부분이 뜨는 형태의 스타일이 생긴다.
특히 한국인은 두껍고 뜨는 모질을 많이 가지고 있으며
투블럭 커트를 잘못하면 일명 뚜껑머리 스타일이 되기 쉬우므로 주의해야 한다.

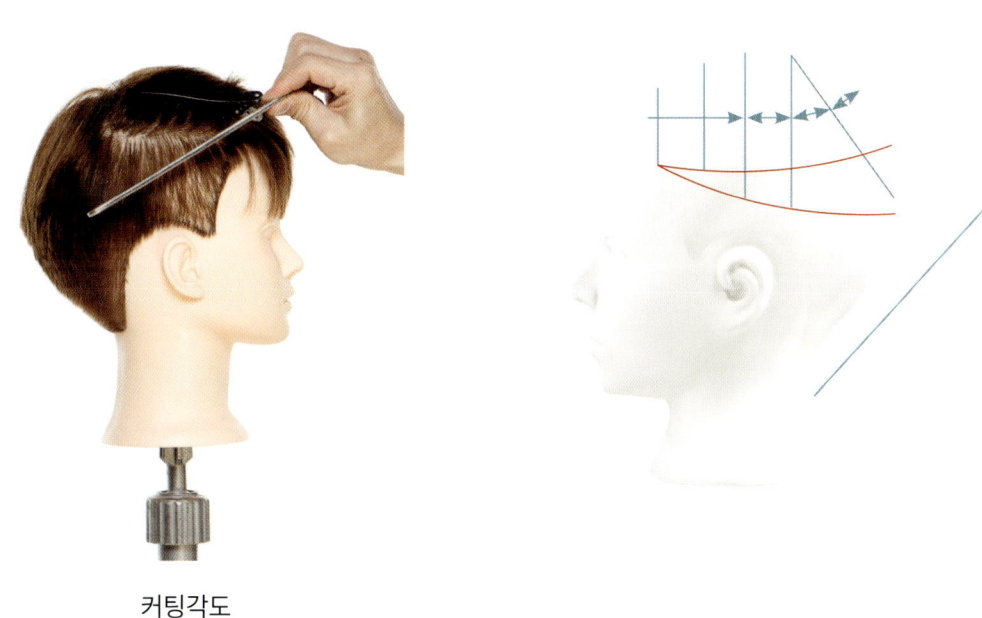

커팅각도

뚜껑머리가 되지 않게 하려면
미들존의 사이드 부분은 오버존과 디스커넥션하고
백 사이드부터 백 까지는 오버존과 미들존이 연결되게 자른다.

사이드는 디스커넥션을 사용한 투블럭 스타일을 만들고
백사이드부터 백 까지는 오버존과 미들존이 연결되게 커트하면
뚜껑머리가 생기는 걸 방지할 수 있다.

15 세로싱글링을 할 때 흔들리지 않게 하는 방법

세로싱글링은
가위를 세로로 세워서 모발이 튀어나온 부분을 정리하거나
미세한 각도의 형태를 조절할 수 있는 테크닉이다.
주로, 남자 커트 시 많이 사용되며,
클리퍼로 표현하지 못하는 디테일한 작업을 할 수 있다.

세로싱글링의 특징과 주의 사항

- 디테일한 작업 가능
  - 클리퍼로 표현하지 못하는 세밀한 부분까지 작업이 가능하다.
  - 미세한 각도까지 조절이 가능하고, 원하는 형태를 만들 수 있다.

- 숙련도의 중요성
  - 가위를 지지대 없이 공중에 띄우고 작업하는 경우가 많기 때문에
    연습이 충분하지 않으면 가위가 흔들려 커트 표면이 울퉁불퉁해질 수 있다.

주의사항

- 세로싱글링 시 가위가 불안정하면 면 처리가 깨끗하지 않고,
  실수와 수정의 반복으로 인해 원하는 길이보다 짧아지는 경우가 생기기도 한다.

싱글링을 안정적으로 하기 위해서

- 손가락으로 지지대를 만들어 줌 으로서 보다 안정적인 작업이 가능하다.
  (손가락 지지대를 사용하면 가위가 흔들리지 않아 실수를 줄일 수 있다.)

지지대 없이 공중에 가위를 놓고 싱글링을 할 경우
숙련되지 않은 디자이너의 경우에는 불안정한 가위로 인해
원하는 길이조절이나, 각도 조절에 어려움을 겪을 수도 있다.

검지나 중지를 이용해 지지대를 만들어 주면
좀 더 안정적으로 커트를 진행할 수 있다.

커트가 쉬워진다!

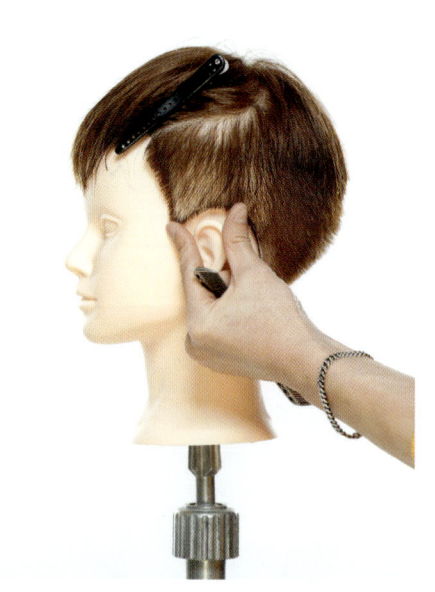

1. 검지를 피부에 살짝 올려서 지지대를 만들고
엄지를 이용해서 가위 받침을 만들어준다.

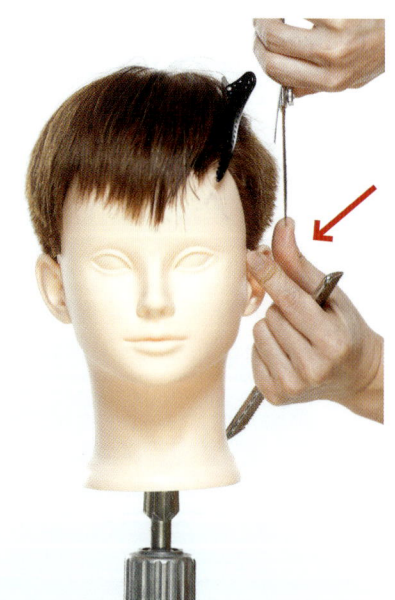

2. 가위를 엄지 위에 세로로 올려준다.

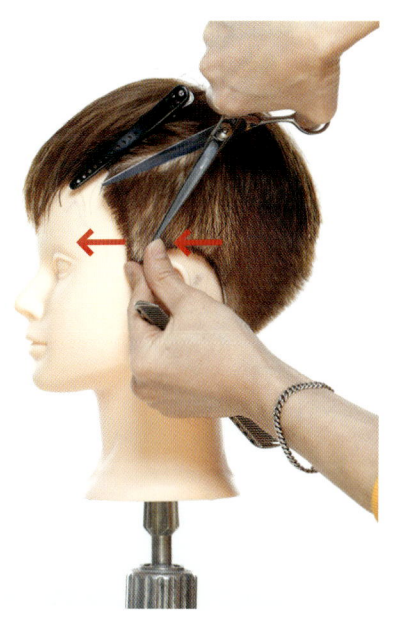 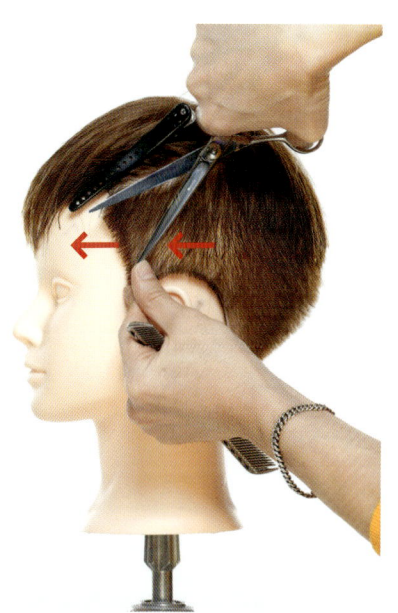

3. 검지손가락은 그대로 유지한 채 엄지손가락을 앞으로 움직이며 커트를 진행한다.

16 귀 뒤로 넘기는 모발을 슬림하게 커트하는 방법

고객들은 습관이나 스타일 때문에 모발을 귀 뒤쪽으로 넘기는 경우가 많이 있다.
하지만, 귀 뒤로 모발을 넘길 경우 이어포인트부터 이어 백포인트까지
모발이 뭉쳐 두꺼워지므로 스타일이 예쁘게 나오지 않는다.
이런 경우, 가볍게 하려고 층을 내면 스타일이 바뀌고, 무리한 틴닝 사용은
질감을 거칠게 만든다.

효과적인 방법

- 부분 디스커넥션 테크닉을 사용하여 표면 질감이나 커트 형태에 변형을 주지 않고
  사이드의 모발을 슬림하게 만들어 준다.

적용 방법

- 삼각 섹션 만들기
  - 이어포인트를 중심으로 모량이나 두상을 고려하여 삼각 섹션을 만든다.
- 디스커넥션 테크닉 사용
  - 삼각 섹션에 디스커넥션을 사용하여 커트 표면이나 질감에
    큰 영향을 주지 않으면서 백사이드 부분을 슬림하게 만든다.

결과

- 귀 뒤로 넘긴 모발이 두꺼워지지 않고, 자연스럽게 슬림해진다.
- 스타일 변형 없이 깔끔하고 세련된 형태를 유지할 수 있다.
- 질감을 거칠게 만들지 않으면서도 모발의 뭉침을 해소할 수 있다.

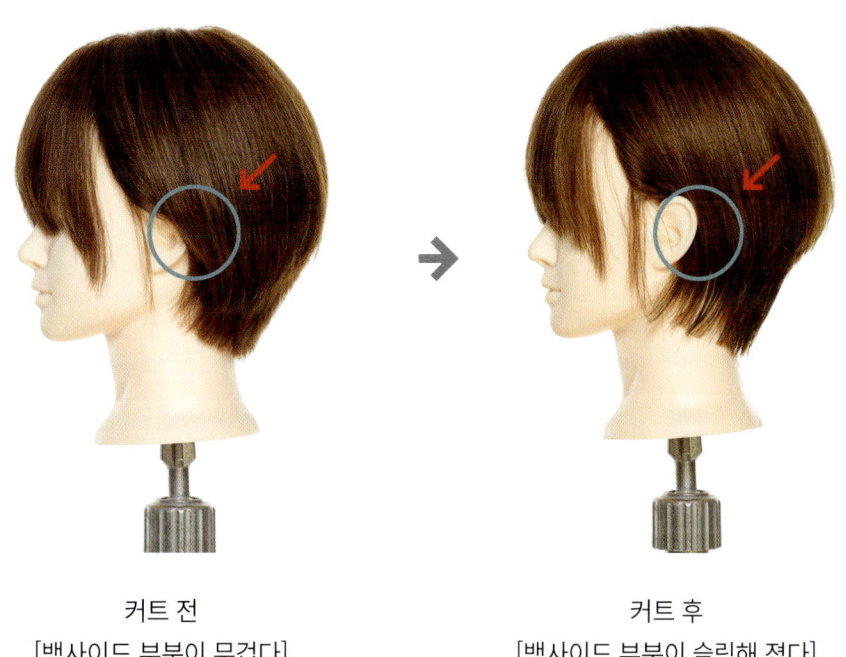

커트 전
[백사이드 부분이 무겁다]

커트 후
[백사이드 부분이 슬림해 졌다]

백사이드의 모발 뭉침을 없애주면
귀 뒤로 모발이 자연스럽게 넘어가고
네이프의 형태도 좋아진다.

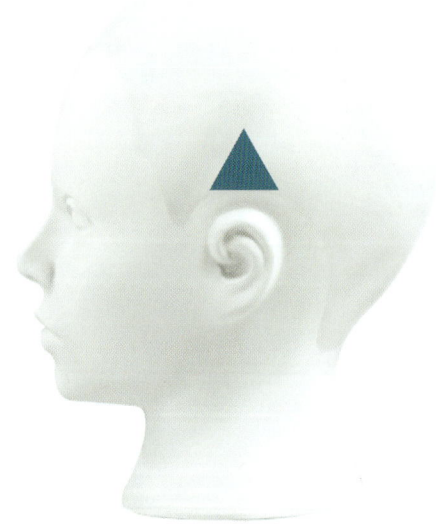

이어포인트 위로 삼각 섹션을 이용하면
형태나 아웃라인의 변화 없이
백사이드 부분에 모발이 뭉치는 것을 막을 수 있다.

1. 모량이나 두상등을 참고하여 삼각 섹션을 나눈다.

2. 아웃라인이 잘리지 않게 주의해서 커트한다.

17 분명히 온 더 베이스로 커트를 했는데 점점 길어지거나 짧아져요

문제점

- 숏~롱 레이어드 커트를 할 때 온 더 베이스로 진행했는데 양쪽 길이가 다르거나 양쪽 레이어드의 차이가 심하게 틀리는 경우
  (특히 레이어드컷을 할 때 의도한 층보다 심해지는 경우가 많다).

원인

- 오버디렉션
  - 예를 들어 back에서 side까지 온 더 베이스로 커트를 진행해야 하는데
    베이스의 커트 각도가 정확하지 않을 경우
    의도치 않은 오버디렉션이 생기게 된다.
    이를 수정하지 않고 커트를 진행하게 되면
    첫번째 패널의 길이와 마지막으로 자른 패널의 길이 차이가
    생각보다 많이 생긴다.
    정상적인 온 더 베이스의 각도라면, 길이가 같아야 정상이다.

- 패널의 두께
  - 패널의 폭을 너무 넓게 잡으면 패널의 양쪽 끝이 오버디렉션 되면서
    다음 패널의 가이드가 길어지거나 짧아지며
    이로 인한 길이의 변화 때문에 원하는 형태와 다른 결과가 만들어진다.

POINT

- 온 더 베이스의 각도를 정확히 유지하고, 섹션의 두께를 일정하게 조절하면서
  커트를 진행해야 의도한 디자인의 스타일을 완성할 수 있다.

정확한 온 더 베이스의 경우
모든 패널의 길이가 동일하다.

정확한 온 더 베이스

커트가 쉬워진다!

왼쪽 가이드가 짧아진다 →　　　← 오른쪽 가이드가 길어진다

패널의 각도가 90°가 아니고
왼쪽으로 당겨져 있다.
이러한 경우
왼쪽은 짧아지고
오른쪽은 길어진다.

패널의 각도가 정확하지 않으면
양쪽의 길이가 달라진다.

패널의 폭이 너무 넓으면
패널 양끝에 오버디렉션이 생기게 되므로
다음 패널의 가이드가 길어진다.
결과적으로
양쪽의 길이가 점점 길어지게 된다.

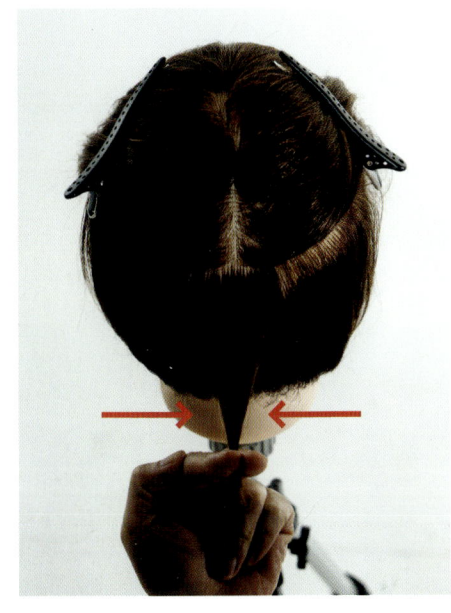

오버디렉션으로 길어진 1번이
2번째 패널의 가이드가 된다.

1번패널 2번패널

커트가 쉬워진다!

패널마다 폭이 일정하지 않다.   패널마다 각도가 일정하지 않다.

각각의 패널이 모여서 스타일의 형태가 만들어진다.
하지만, 각도나 폭이 정확하지 않을 경우
원하는 형태를 만들기 어렵다.

내가 원하는 형태를 만들기 위해서는
일정한 패널의 폭,
정확한 패널의 커팅각도를 유지해야 한다.

18 사이드뱅 빠르고 쉽게 자르는 방법

사이드뱅은 센터에서 사이드로 갈수록 길어지며
구레나룻 라인까지 모발이 연결되는 앞머리 스타일이다.

사이드뱅의 특징

- 길이 변화
  - 센터에서 사이드로 갈수록 길어지며, 구레나룻 라인까지 연결된다.

- 얼굴 감싸는 스타일
  - 얼굴을 감싸며 얼굴 윤곽을 가려주는 효과가 있다.

- 작아 보이는 효과
  - 얼굴이 작아 보이는 효과를 줘서 '얼굴 소멸 컷'이라고 불린다.

커트 방법

- 센터에 작은 삼각형 섹션을 만들어서 센터 가이드라인을 만든다.
- 앞머리 전체의 큰 삼각 베이스의 양 끝의 길이를 설정한다.
- 센터의 가이드와 큰 삼각 베이스의 양 끝을 연결한다.
- 모발이 자연스럽게 구레나룻 라인까지 연결될 수 있도록
  사이드의 페이스라인쪽 모발을 앞머리와 연결한다.

사이드뱅은 얼굴 윤곽을 감싸주어
단점을 보완하고
얼굴을 작아 보이게 한다.

커트 방법

1. 정확하고 쉬운 커트를 위해 섹션을 나눠준다.

2. 센터에 가이드 라인을 만들어 준다.

3. 센터가이드와 두번째 패널을 연결한다.

4. 두번째 패널과 세번째 패널을 연결한다.
끝이 점점 길어지게 커트한다.

5. 구레나룻 길이를 미리 설정한다.
구레나룻의 양은 최소한으로 해야한다.

6. 마지막으로
앞머리와 페이스라인의 모발,
그리고 구레나룻까지 연결한다.

19. 틴닝가위의 테크닉에는 뭐가 있나요?

틴닝가위 사용 시 적절한 테크닉을 사용한다면 쉽고 빠르게
원하는 형태와 질감의 표현은 물론 볼륨까지 컨트롤이 가능하다.
하지만 잘못 사용하는 경우에는 오히려
질감이나 형태가 망가질 수 있으므로 조심 해야 한다.

볼륨을 컨트롤하는 틴닝 테크닉 3가지

- 이너 그레주에이션
  - 모량은 줄이고 싶지만 볼륨감은 최대한 남기고 싶을 때 사용.
  - 모발의 내부에 그래주에이션을 적용하여 볼륨을 유지하면서 모량을 줄임.

- 이너 레이어
  - 양감을 감소시키고 움직임을 만들고 싶을 때 사용.
  - 모발의 내부에 레이어를 적용하여 자연스럽고 움직임 있는 스타일을 만듦.

- 이너스퀘어
  - 모근에서 모발 끝부분까지 자유롭게 양감 조절이 가능하며
    형태는 크게 바뀌지 않는다

20 틴닝 테크닉중 이너 레이어는 무엇인가요?

이너 레이어는 한 패널 안에 또 하나의 레이어를 만드는
틴닝 테크닉 중 한 종류이다.

특징

- 또 하나의 레이어 생성
  - 버티컬로 패널을 잡고 원하는 지점에 틴닝으로 90° 이상으로 레이어를 만들어준다.

- 부피감 감소
  - 층을 만들지 않으면서 부피감을 줄일 수 있다.

- 아웃라인 유지
  - 아웃라인을 선명하게 유지할 수 있다.

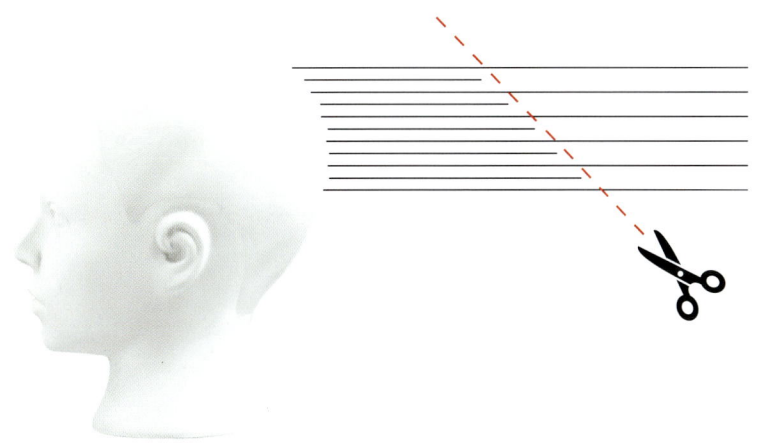

90° 이상의 각도로 커트한다.

패널안에 레이어 라인이 생겼다.

21. 틴닝 테크닉중 이너 그레주에이션은 무엇인가요?

이너 그레주에이션은
한 패널 안에 또 하나의 그레주에이션을 만드는 테크닉이다.

특징

- 겉면에 층을 내지 않고도 내부층을 통해 볼륨을 컨트롤할 수 있다.
- 모발의 양감을 효과적으로 조절할 수 있다.
- 버티컬로 패널을 잡고, 무게 포인트를 정하고 원하는 각도로 자른다.

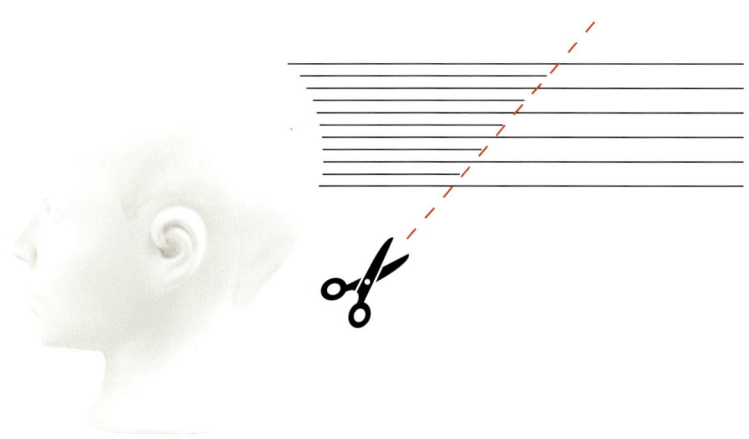

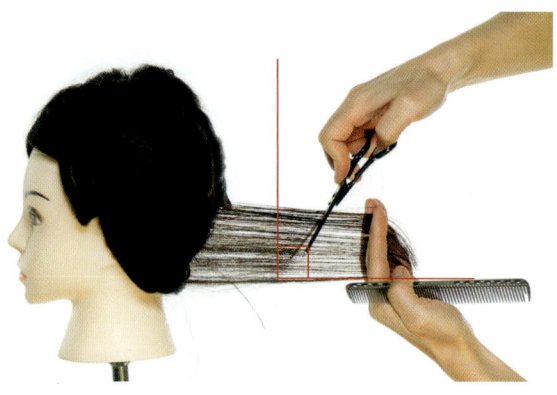

45° 전후의 그레주에이션 각도로 커트한다.

패널안에 그레주에이션 라인이 생겼다.

22 틴닝 테크닉중 이너 스퀘어는 무엇인가요?

이너 스퀘어는
커트라인과 평행하게 스퀘어형태로 틴닝을 사용하는 테크닉이다.

특징

- 커트의 형태를 바꾸지 않고 모량과 무게감을 조절할 수 있다.
- 틴닝 위치를 자유롭게 선택할 수 있다.
- 과도하게 사용할 경우 표면이 거칠어질 수 있다.

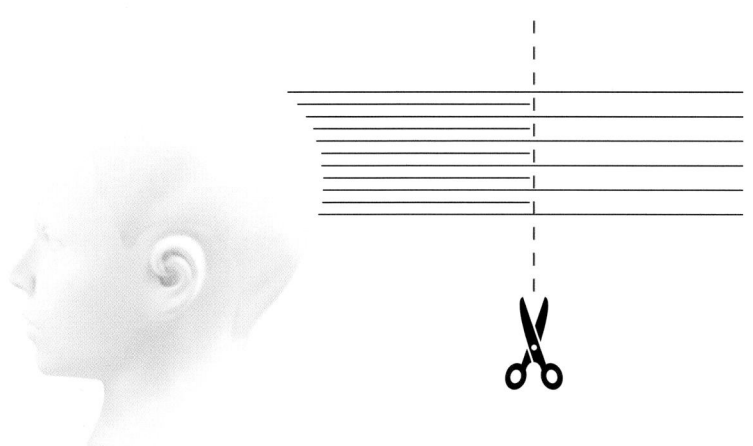

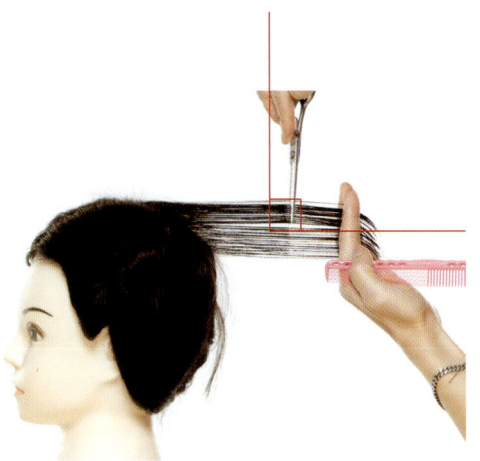

90° 각도로 커트한다.

패널안에 스퀘어라인이 생겼다.

23

스퀘어라인의 풀뱅으로 자르고 싶은데 자꾸 양쪽이 길어져요

문제점

- 스퀘어 형태의 풀뱅을 커트할 때, 양 끝이 길어져 라운드 형태가 되는 현상.

원인

- 바디 포지션 오류
  - 두상은 둥글기 때문에 바디 포지션도 두상을 따라 이동해야 한다.
- 오버디렉션
  - 정면에서 커트를 하면 이마의 양 끝이 오버디렉션 되면서 양쪽이 길어진다.

해결 방법

- 정확한 바디 포지션
  - 두상을 따라 바디포지션도 이동하면서 내 몸과 평행하게 섹션을 나눠야 한다.
- 정확한 커트 라인
  - 커팅 라인도 섹션에 맞춰 내 몸과 평행하게 해야 한다.

> **요약**
>
> - 스퀘어 형태의 풀뱅을 커트할 때
>   양 끝이 길어지는 라운드 형태가 되는 것을 방지하려면,
>   바디 포지션은 두상의 곡선을 따라 이동하면서 커트라인이 내 몸과 평행이 되게
>   해야 한다.

풀뱅
양쪽 끝이 길지 않고 정확한 스퀘어 라인의
앞머리 스타일

커트 방법

1. 두상의 둥근 모양에 따라 바디포지션을 옮기고 내 몸과 평행하게 섹션을 나눈다.

2. 정면에서 보면 약간 사선 섹션이다.
(정면에서 호리존탈 섹션이면 양 끝이 길어진다.)

3. 반대쪽도 동일하게 섹션을 나눈다.
정면에서 보면 V자 형태의 섹션이다.

4. 건조 후 모발이 짧아지는 걸 방지하기 위해 텐션없이 커트한다.

5. 마지막 패널까지 동일한 방법으로 커트한다.

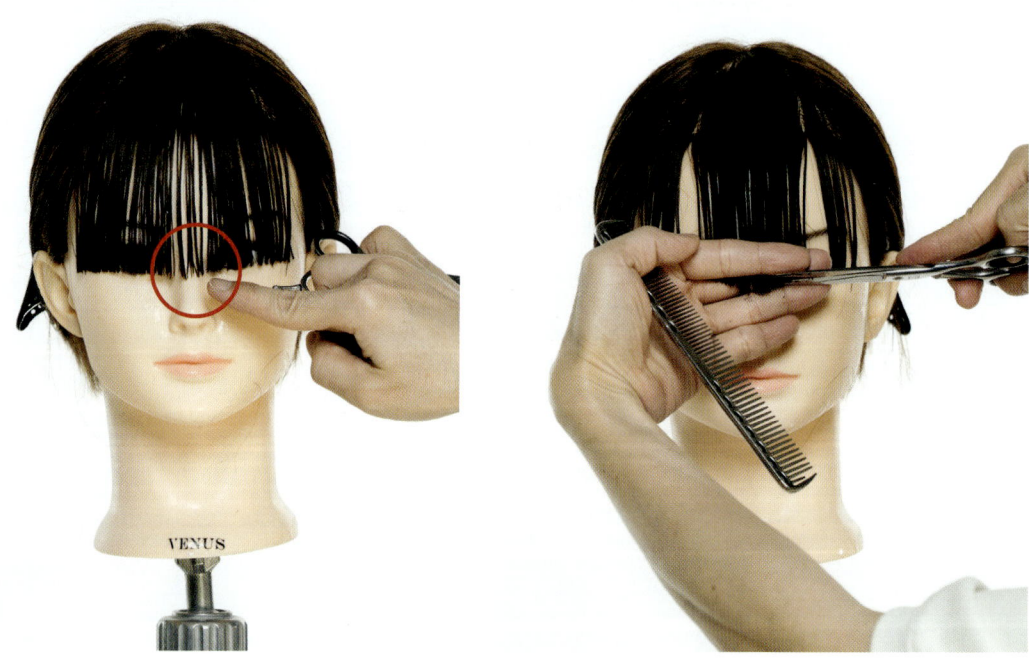

6. 커트 후 중앙 부분에 약간의 코너가 생긴다.

7. 코너를 정리한다.

24. 커트할 때 왜? 언더, 미들, 오버로 섹션을 나눠서 하나요?

두상은 전체적으로 둥글고 꽤 복잡한 형태를 이루고 있다.
모발은 중력에 의해 아래로 떨어지기 때문에
두상의 각 섹션마다 모발이 가지는 디자인적 요소가 달라진다.
그래서 커트를 조금 더 쉽게 하고 완성도를 높이기 위해
크게 세 부분으로 나누는 것이다.
물론 디자인에 따라 더 많은 부분으로 나누기도 한다.
두상 각 부분의 특징과 역할을 이해한다면, 커트가 단순히 자르는 작업이 아닌
디자인을 만들어가는 과정임을 알게 될 것이다.

특히, 두상과 모발, 헤어라인 등의 조건은 사람마다 다르다.
같은 스타일의 커트도 고객마다 적용하는 테크닉이 모두 달라야 하므로
두상의 특징과 섹션의 역할을 반드시 이해해야 한다.

두상의 주요 섹션과 역할

- 언더섹션
  - 헤어스타일의 길이와 아웃라인을 결정하는 부분이다.
  - 스타일의 기본 길이와 형태를 설정하는 가장 기본이 되는 부분이다.
- 미들섹션
  - 디자인의 볼륨과 형태등이 만들어지는 부분이다.
- 오버섹션
  - 주로 율동감과 질감이 표현되는 부분으로, 스타일의 마무리를 결정하는 섹션이다.
    특히, 모든 스타일의 표면이 되는 섹션으로써 질감 처리 시 신중해야 한다.

커트가 쉬워진다!

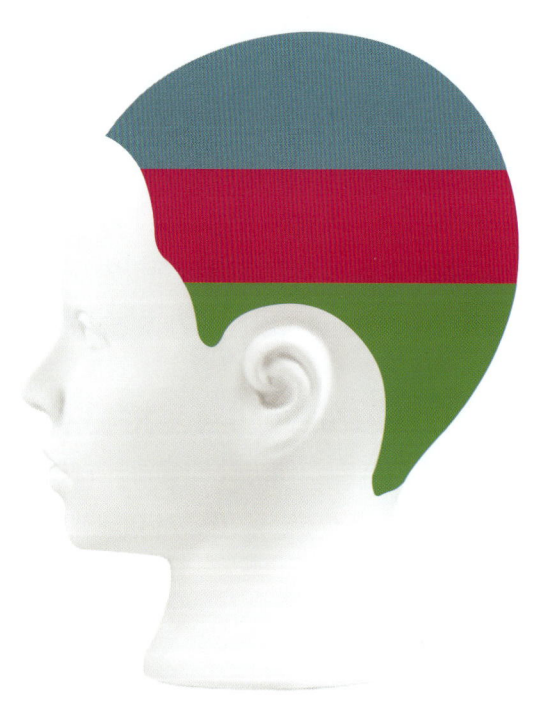

오버섹션
주로 율동감과 질감이 표현되는 부분으로,
스타일의 마무리를 결정하는 섹션이다.

미들섹션
디자인의 볼륨과 형태 등이 만들어지는 부분이다.

언더섹션
헤어스타일의 길이와 아웃라인을 결정하는 부분이다.

25 네이프는 슬림하게
후두부는 빵빵하게 커트하는 방법

대부분의 디자이너가 가장 많이 하는 작업이며, 동시에 어려워하는 부분이다.
대부분의 고객은 후두부가 납작하기 때문에 원하는 형태를 만들려면
두상에 따라 두 가지 이상의 테크닉을 사용해야 한다.

커트 방법

- 언더섹션
  - 네이프는 플랫하게 떨어지도록 하이 그레주에이션이나 레이어를 사용한다.
- 미들섹션
  - 미들섹션에서는 그레주에이션으로 무게를 쌓아 후두부에 볼륨을 만들어 준다.
- 오버섹션
  - 오버섹션에서는 둔탁하게 쌓인 무게 라인에 레이어를 사용하여
    무게감을 줄이고 율동감을 만들어 준다.

TIP

- 디스커넥션 테크닉
  - 언더섹션과 미들섹션에 디스커넥션 테크닉을 적용하면
    두상의 볼륨을 컨트롤하기가 더 쉬워진다.

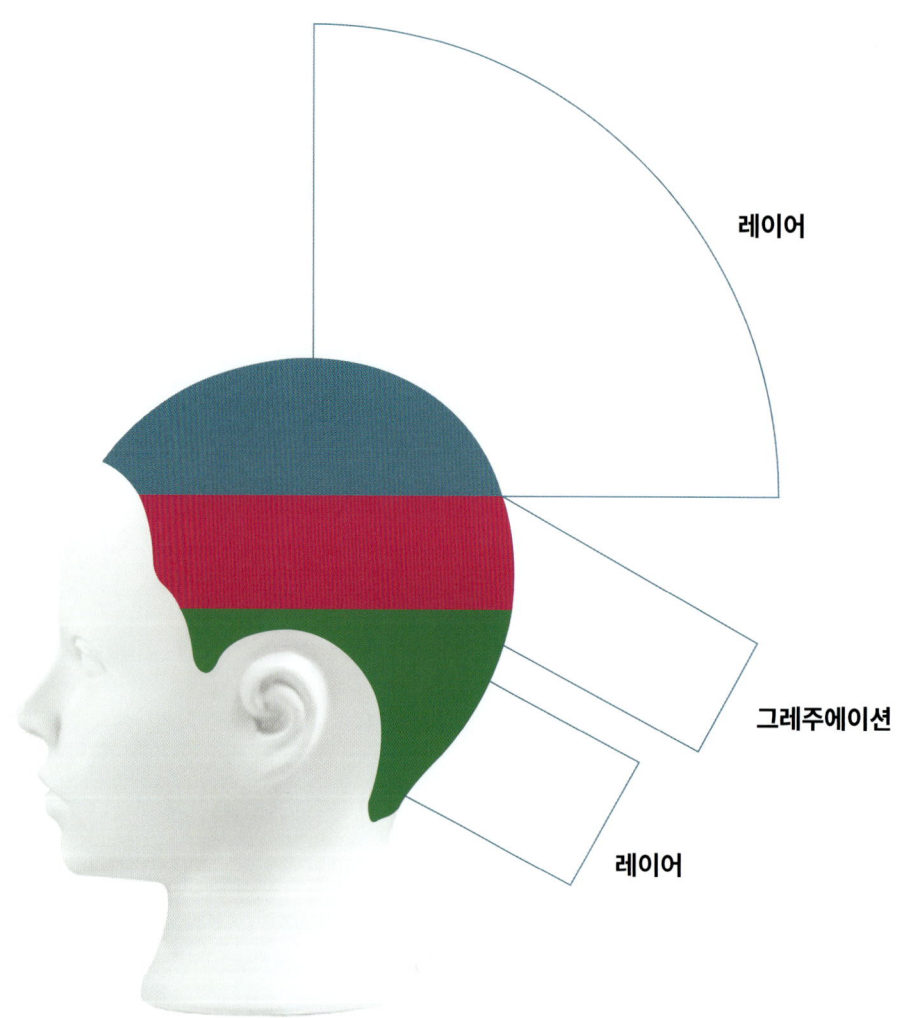

레이어와 그레주에이션을 사용하여
네이프는 슬림하게 디자인하고
백 부분에는 무게를 쌓아 볼륨을 만들어 줌으로써
납작한 두상을 보완할 수 있다.
[디스커넥션 테크닉을 사용하면
더욱 완성도 높은 스타일을 만들 수 있다]

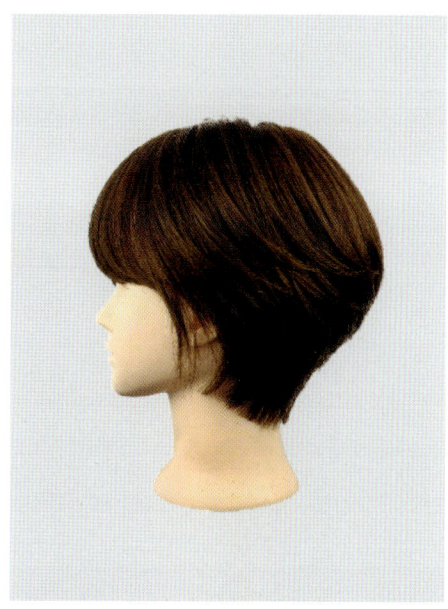

언더존과 미들존에 디스커넥션 테크닉을 사용하여
네이프는 슬림하고 백에는 볼륨을 강조한 스타일

26 레이어드 커트를 할 때 자꾸 아웃라인을 파먹어요

살롱에서 레이어드 컷을 할 때, 이어백 포인트 부분의 아웃라인이
짧아지는 실수는 누구나 경험이 있을 것이다.
커트의 아웃라인은 굉장히 중요하다.
아웃라인이 바뀌면 전체의 형태가 달라지고
결국은 내가 의도한 스타일의 커트가 나오지 않으므로
고객 또한 만족하지 못한다.
경력이 많은 디자이너도 실수할 수 있는 부분이므로
자신만의 방법을 만들어 실수를 줄여야 한다.

원인

- 네이프 코너부터, 백사이드를 지나 사이드까지는
  헤어라인이 급격이 올라가며 모발이 없는 부분이다
  이 부분의 아웃라인이 불명확한 상태로 미들존에 레이어가 들어간다면
  백사이드 부분의 아웃라인을 파먹게 되는 것이다.

해결 방법

- 네이프 코너부터 백사이드를지나 사이드까지 모발이 없는 구간에
  명확한 아웃라인을 설정하고 커트를 진행하면 실수를 줄일 수 있다.

- 언더존을 이어포인트 1cm 정도 위로 정하면
  사이드와 백사이드의 모발이 없는 구간에도 명확한 아웃라인을 만들 수 있다.

커트 시 명확한 아웃라인을 위해
언더존을 이어포인트 1cm정도까지 설정한다.

이렇게 하면
레이어드컷 진행 시
아웃라인의 가이드가 명확히 보이기 때문에
아웃라인이 잘리는 것을 예방할 수 있다.

커트하려는 스타일이
어떤 형태이던 미리 아웃라인을 정해놓고
커트를 하면 실수를 줄일 수 있다.

아웃라인이 잘려있다.

아웃라인이 잘 유지되어 있다.

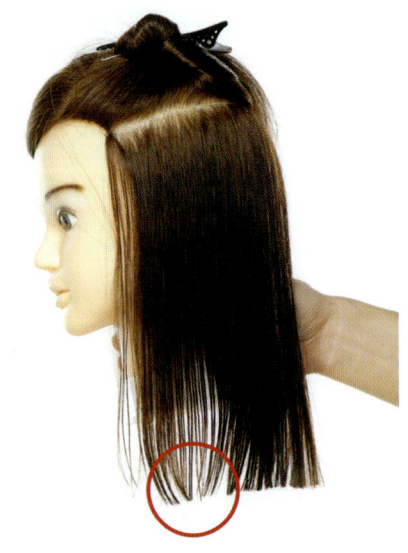

커트 방법

1. 이어포인트 아래로 언더존 섹션을 나눴을 때

2. 1을 기준으로 미들존에 레이어드 컷을 하는 경우

3. 아웃라인이 잘려있다.

커트가 쉬워진다!

1. 이어포인트 1cm정도로 언더존 섹션을 나눴을 때

2. 1을 기준으로 미들존에 레이어드 컷을 하는 경우

3. 아웃라인이 잘 유지되어 있다.

27

커트만으로 자연스럽게 넘어가는 앞머리 만들기

과도한 질감 처리 없이 레이어드 커트만으로도
깔끔하고 자연스럽게 넘어가는 앞머리 스타일을 만들 수 있다.

앞머리 커트 방법

- 넘어가는 방향의 시작점부터 끝 방향으로 갈수록 조금씩 길어지게 커트한다.
- 넘기고자 하는 반대 방향으로 들어서(90°~180°)층을 낸다.
- 슬라이싱이나 포인팅을 이용하여 결감을 만들어준다.

결과

- 둔탁하지 않고 부드러운 흐름을 가진 앞머리 스타일을 완성할 수 있다.
- 추가 시술 없이 원하는 방향으로 넘길 수 있는 앞머리를 만들 수 있다.

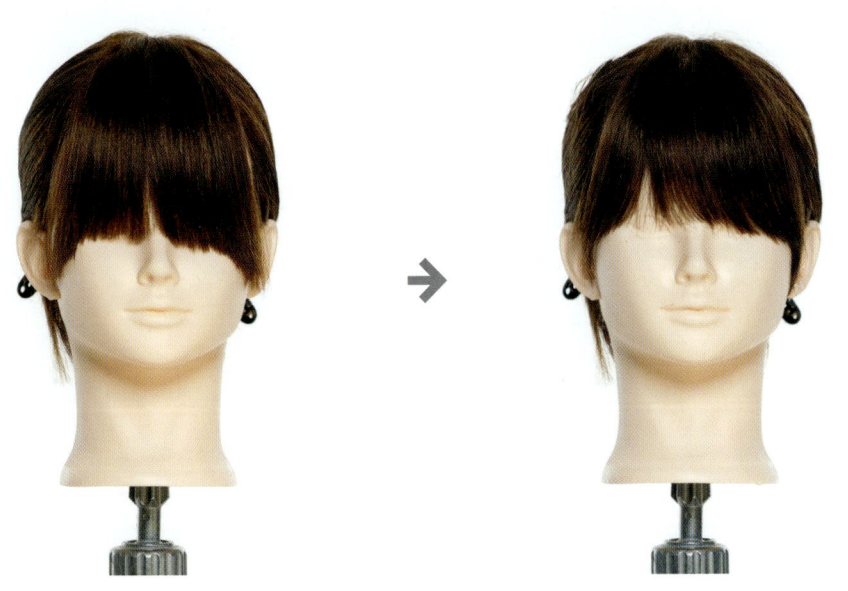

모량조절과 흐름을
한 번에 만들 수 있다.

커트 방법

1. 원하는 스타일과 길이로 앞머리를 자른다.

2. 무겁고 방향성이 없다.

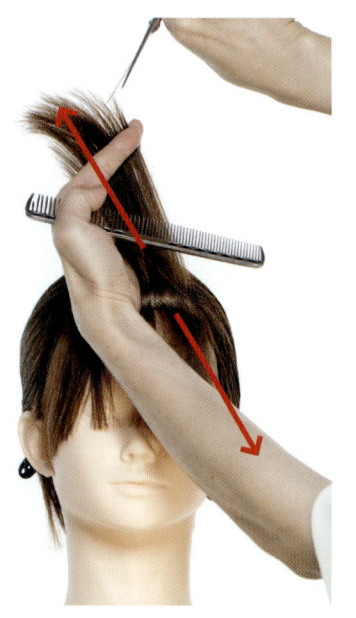

3. 원하는 흐름의 반대 방향으로 들어서 자른다. 커트 시 아웃라인까지 자르지 않도록 주의한다.

4. 질감 처리를 많이 하지 않아도 모량조절과 흐름이 생긴다. 앞머리의 과도한 질감 처리 시 라인이 무너지고 지저분하므로 주의해야 한다.

28. 모량이 많은 앞머리를 숱 치지 않고 가볍게 커트하는 방법

이마가 좁고 모량이 많은 고객이 앞머리를 짧게 자르는 경우,
보통은 틴닝과 슬라이싱 등으로 모량을 감소시키는 작업을 하게 된다.
하지만 과도한 틴닝과 질감 처리는 질감을 거칠게 하고
오히려 들뜨게 만들어 지저분하게 보일 수 있다.

해결 방법

- 디스커넥션 테크닉을 응용하면
  틴닝과 질감 처리 테크닉을 최소화하면서 모량을 감소시킬 수 있으며
  시간이 지나면서 모발이 들뜨는 현상도 적다.

리버스 레이어

- 일반적인 레이어드 컷은
  머리카락의 길이를 위에서 아래로 점차적으로 길게 자르는 반면,
  리버스 레이어는 머리카락의 길이를 아래에서 위로 점차적으로
  길어지는 형태로 자르는 테크닉이다.
  리버스 레이어는 패널 하나하나에 디스커넥션 테크닉을 적용하여
  모발의 질감과 양감을 조절할 수 있다.

요약

- 틴닝과 질감 처리를 최소화하면서도 모량을 감소시킬 수 있다.
  결감을 유지하면서 자연스럽고 깔끔한 앞머리 스타일을 완성할 수 있다.
  시간이 지나도 모발이 들뜨지 않아 지속적으로 깔끔한 스타일을 유지할 수 있다.

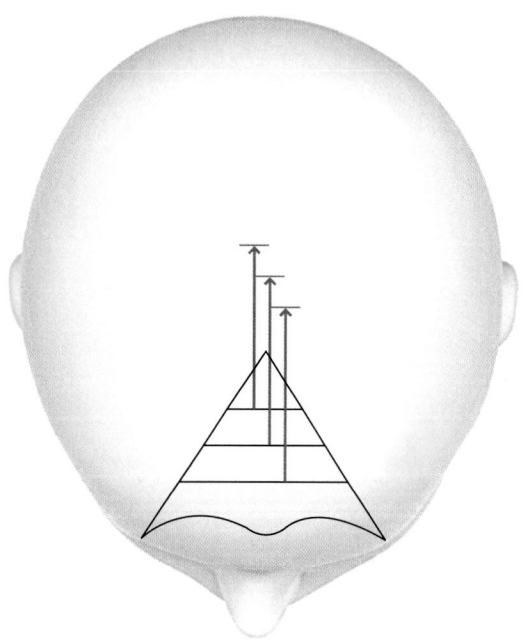

커트 방법

1. 첫번째 섹션

2. 아웃라인이 잘리지 않게
180° 가까이 들어서 자른다.

3. 두번째 섹션

4. 첫번째 패널의 가이드에 자르지말고,

5. 두번째 패널의 가이드를 기준으로 자른다.

모발 안쪽에 연결되지 않는 층을 만들어 줌으로써
따로 모량을 줄이지 않아도
가벼운 느낌의 연출이 가능하다.

29. 레이어와 그레주에이션 둘 다 층이 생기는 스타일인데 무슨 차이가 있는 거에요?

레이어는 볼륨을 줄이거나, 플렛한 형태의 가볍고 경쾌한 느낌의 스타일을 만들고
그레주에이션은 안정되고 볼륨감 있는 스타일을 만들 수 있다.
특히, 납작한 두상을 볼륨감 있게 만들 수 있기 때문에
납작한 두상이 많은 동양에서는 그레주에이션을 잘 다뤄야 한다.

레이어

- 커트 각도 - 90° 이상으로 자른다.
- 무게 - 무게가 쌓이지 않는다.
- 특징 - 무게 포인트가 없다.
- 효과 - 볼륨을 줄이거나, 플렛한 형태의 가볍고 경쾌한 느낌의 스타일을 만든다.

그레주에이션

- 커트 각도 - 89° 이하로 자른다.
- 무게 - 일정 지점부터 무게가 쌓이기 시작한다.
- 특징 - 무게 포인트가 생긴다.
- 효과 - 안정되고 볼륨감 있는 스타일을 만든다.

요약

- 레이어는 가볍고 경쾌한 느낌의 스타일을 만든다.
- 그레주에이션은 안정되고 볼륨감 있는 스타일을 만든다.
- 그레주에이션은 동양인의 납작한 두상을 볼륨감 있게 만들 수 있다.

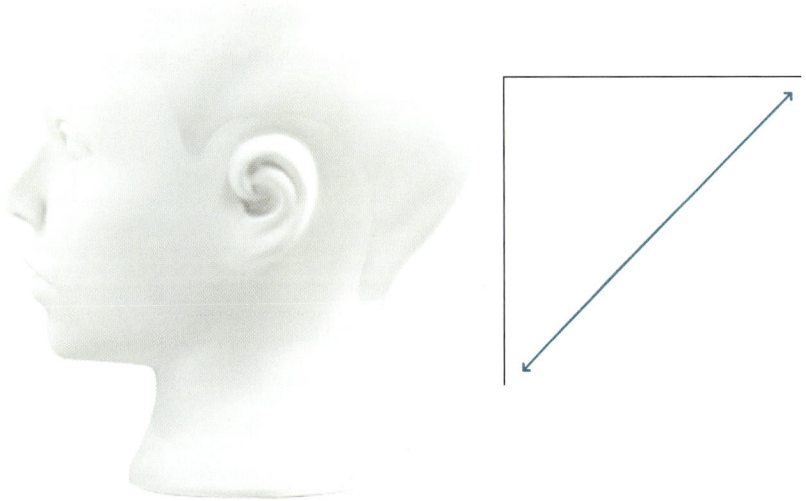

그레주에이션 커트 각도 1°~ 89°

**무게를 컨트롤하기 좋으며,
동양인의 두상에 잘 어울리는 테크닉이다.**

그레주에이션은 무게라인과 무게 포인트가 표현된다.

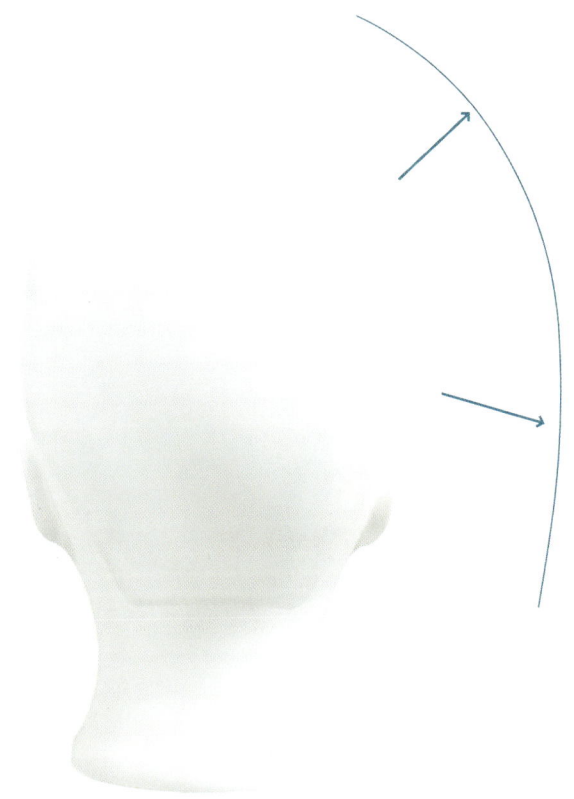

레이어 커트각도 90°이상

무게를 제거하고
스타일의 움직임을 표현하기에 좋은 테크닉이다.

레이어는 무게라인이나 무게포인트가 흐리거나 보이지 않는다

꼭 알아야 할
커트 베이직!

30. 커트를 하다보면 손가락하고 팔목이 아픈데 가위를 잡는 방법하고 상관이 있나요?

커트를 할 때 가위를 잡는 방법에는 기본적인 원리와 방법이 있다.
물론 상황에 따라 여러 가지 방법이 있을 수 있지만,
변형된 방법 또한 기본적인 원리를 반드시 이해해야 한다.

올바른 자세의 중요성

- 에너지 소비 최소화
  - 기본적인 원리를 이해하고 바른 자세로 커트해야
    작업 시 최소한의 에너지를 소비하여 작업의 능률을 올릴 수 있다.

- 건강 유지
  - 오랜 시간 작업을 해도 건강한 신체를 유지할 수 있다.
    바르지 않은 자세로 장시간 작업을 하면 손가락, 손목, 어깨, 목 등에
    이상이 올 수 있으며 현장에서 이러한 일들로 불편을 겪는 디자이너들이 많다.

- 직업의 지속성
  - 신체에 이상이 오면 헤어디자이너라는 직업 자체를 유지하는 것이 힘들 수 있다.

- 신뢰와 이미지
  - 바른 자세는 고객에게 멋진 헤어디자이너의 이미지와 신뢰를 줄 수 있는
    중요한 요소이다.

요약

- 작업 시 최소한의 에너지를 소비하여 작업의 능률을 올릴 수 있다.
- 오랜 시간 작업을 해도 건강한 신체를 유지할 수 있다.
- 고객에게 신뢰를 줄 수 있는 멋진 헤어디자이너의 이미지를 형성할 수 있다.

가위를 바르게 잡는 방법

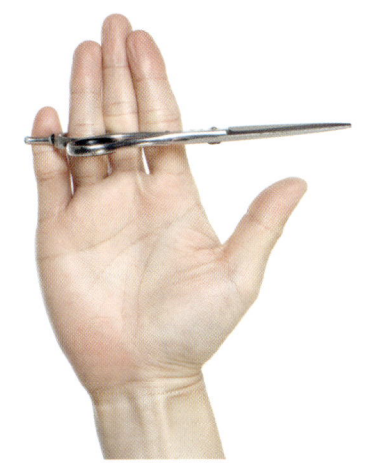

1. 가위를 약지의
두번째 마디에 끼운다.

2. 1번 상태에서
가위를 검지의 마지막 마디까지
내려준다.
이때 약지에 있는 가위의 위치는
그대로 유지한다.

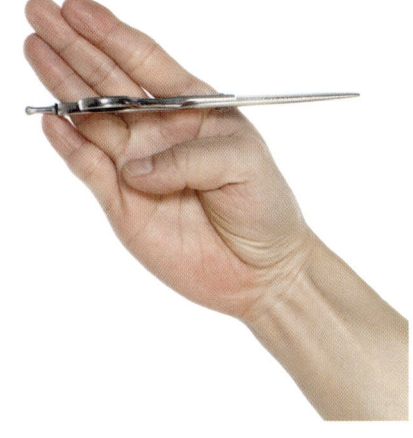

가위를 바르게 잡는 방법

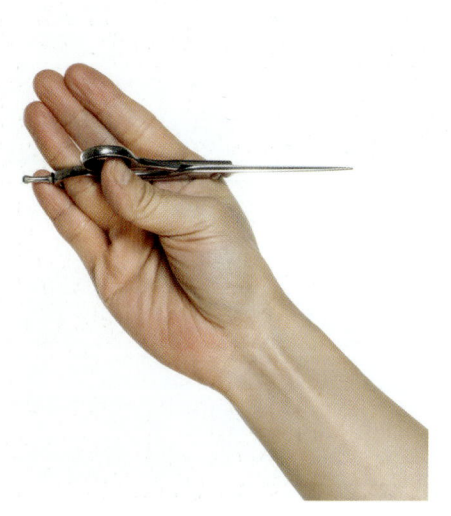

3. 2번 상태에서
엄지손가락으로 홈에 걸치고 밀어준다.
이때, 가위 홈에 엄지손가락을 끼우지 말고
밀어준다.

가위를 바르게 잡는 방법

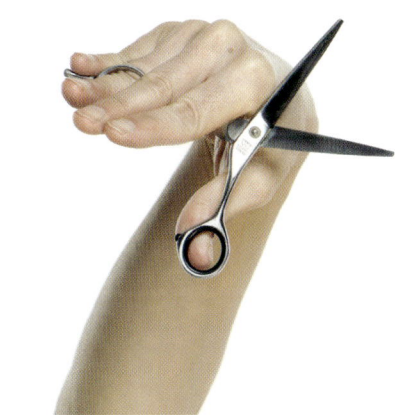 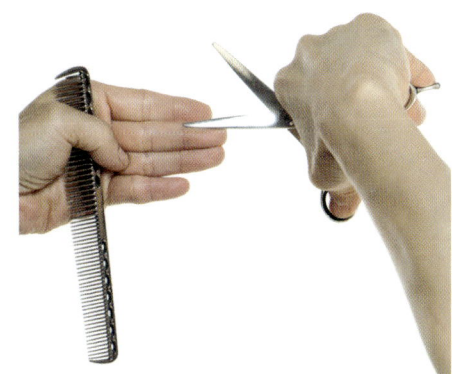

4. 가위를 정확히 잡았으면
엄지손가락만 움직여서
가위를 열고 닫는다.
엄지만 이용해야 가위가 흔들리지 않고
안정감 있는 커트가 가능하다.

31 천체 축과 두상 각의 차이는 무엇인가요??

두상 각은 두상의 각 포인트에 따라 각도의 기준이 변하며, 천체 축은 고정된 각도로, 각도의 기준이 변하지 않는다.

두상 각

- 기준
  - 커트 패널의 두상을 기준으로 한다.
- 특징
  - 둥근 두상의 각 지점을 기준으로 각도가 변화한다.
- 변화 이유
  - 두상이 둥글고 입체적이기 때문이다.

천체 축

- 기준
  - 땅을 기준으로 한다.
- 특징
  - 땅이 0°로 고정되어 있기 때문에 각도가 변하지 않는다.
- 고정된 각도
  - 기준 지점에 따라 변화하지 않는 고정된 각도이다.

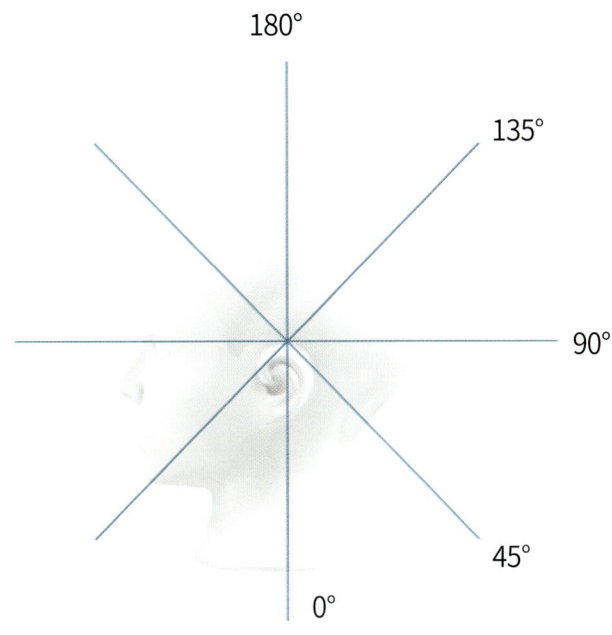

천체 축 기준 각도

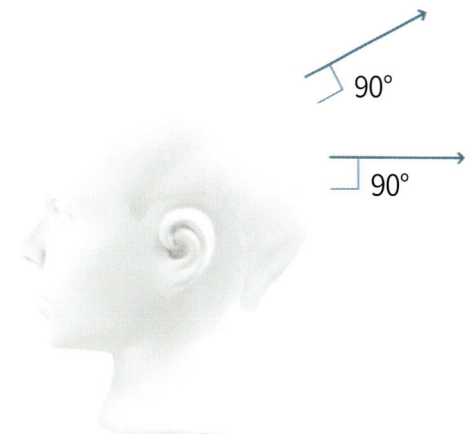

두상 기준 각도

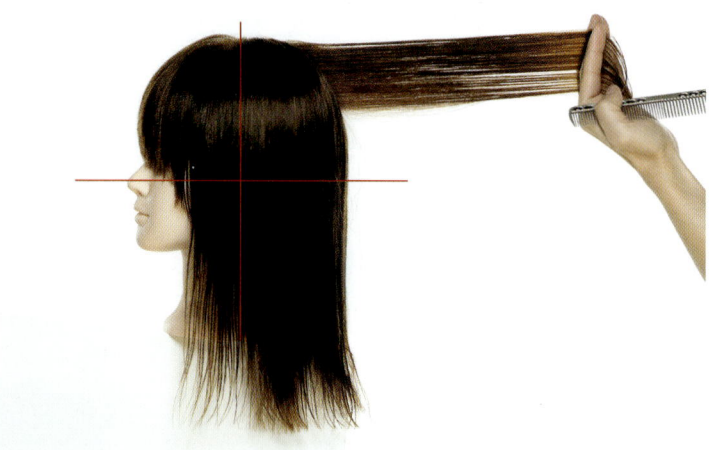

천체 축 기준 90°

두상 기준 90°

32 3가지 테크닉, 3가지 형태, 3가지 베이스만 알면 모든 디자인의 커트가 가능하다

세 가지 테크닉과 세 가지 형태, 그리고 세 가지 베이스를 이해하고
어떻게 조합하느냐에 따라, 세상에 있는 모든 커트 디자인을 만들 수 있다.
즉, 테크닉과 형태, 그리고 베이스를(디렉션) 잘 이해하고
얼마나 잘 사용하는가에 따라서 모든 형태의 커트는 물론,
고객 개개인의 특성에 맞는 커트 디자인이 가능해 진다.

헤어디자이너가 모든 종류의 커트 도해도를 외울 수는 없다.
하지만 위에서 말한 테크닉, 형태, 베이스(디렉션)를 이해한다면
어떠한 고객도 두려움 없이 커트를 완성할 수 있다.

커트 디자인을 형성하는 요소

- 테크닉
  - 원랭스
  - 레이어
  - 그레주에이션

- 형태
  - 라운드
  - 스퀘어
  - 트라이앵글

- 베이스(디렉션)
  - 온더베이스
  - 사이드베이스
  - 오프더베이스

33 커트의 3가지 형태

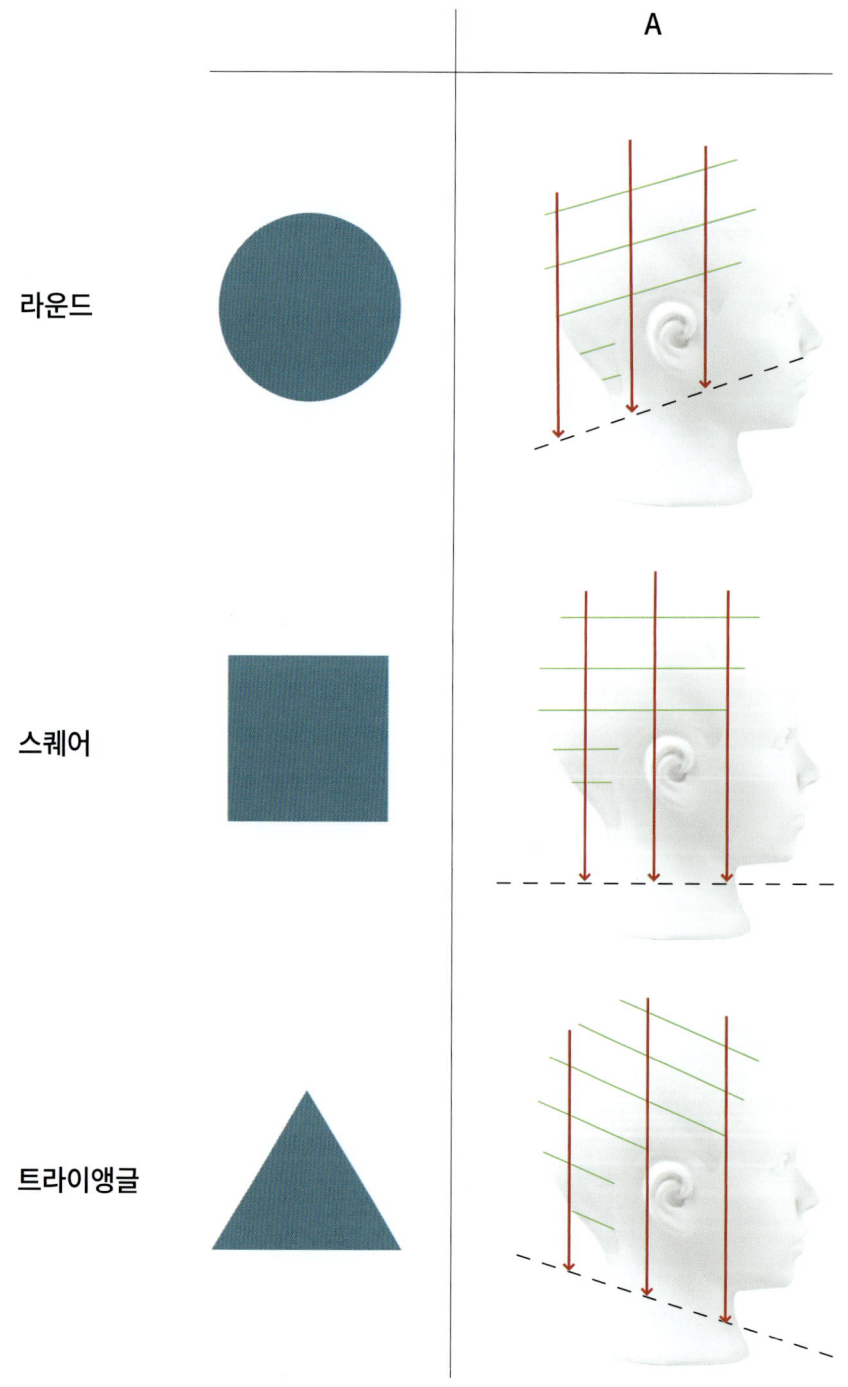

라운드

스퀘어

트라이앵글

34 라운드 커트는 무엇인가요?

라운드 커트는 말 그대로 둥근 형태의 커트이다.
두상의 둥근 형태를 따라가며 하는 커트이기 때문에
두상 각도의 이해와 핑거 포지션, 바디 포지션이 중요한 작업이다.
커트각도와 포지션이 정확하지 않으면 오른쪽과 왼쪽의 길이가 맞지 않으므로
주의하여야 한다.
특히 살롱 웍에서는 작업 속도나 형태를 만드는 데 있어
매우 활용도가 높은 테크닉이다.

라운드 커트의 특징

- 부드러운 커트라인
  - 전체적인 형태가 곡선을 이루어 부드럽고 여성스러운 느낌을 준다.

- 얼굴형 보완
  - 얼굴형에 따라 라운드의 정도를 조절하여 단점을 보완한다.

- 볼륨
  - 그레주에이션과 레이어를 적절히 사용하면 자연스럽고 풍성한 볼륨을 만들 수 있다.

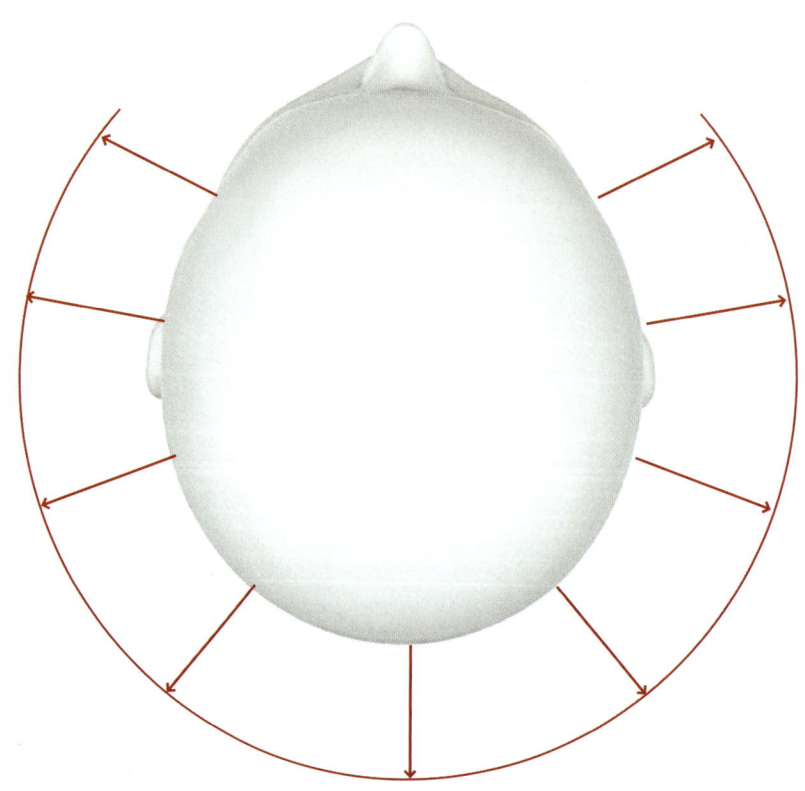

두상의 동그란 형태를
따라서 커트라인이 형성된다.

라운드 커트 헤어디자인

35 스퀘어 커트가 뭐에요?

스퀘어 커트는 네모난 박스 형태의 커트이다.

커트할 패널이나 섹션을 일직선 방향으로 당겨서 자르기 때문에, 두상의 곡선을 기준으로 보면 각 포인트마다 각도가 달라진다. 따라서 두상 각도 보다는
천체 축 각도를 기준으로 커트하는 것이 더 편하다.

주요 베이스가 사이드 베이스이기 때문에, 바디 포지션에 신경을 써야 한다

스퀘어 커트의 특징

- 선명한 라인
  - 전체적으로 직선적인 형태의 느낌이며, 깔끔하고 강한 분위기를 연출한다.
- 이미지
  - 모던하고 개성 있는 스타일을 만들 수 있다.
  - 스퀘어 커트는 다양한 테크닉의 조합으로
    클래식하면서도 현대적인 이미지 연출이 가능하여 다양한 연령층의 고객에게
    사랑받는 스타일이다.

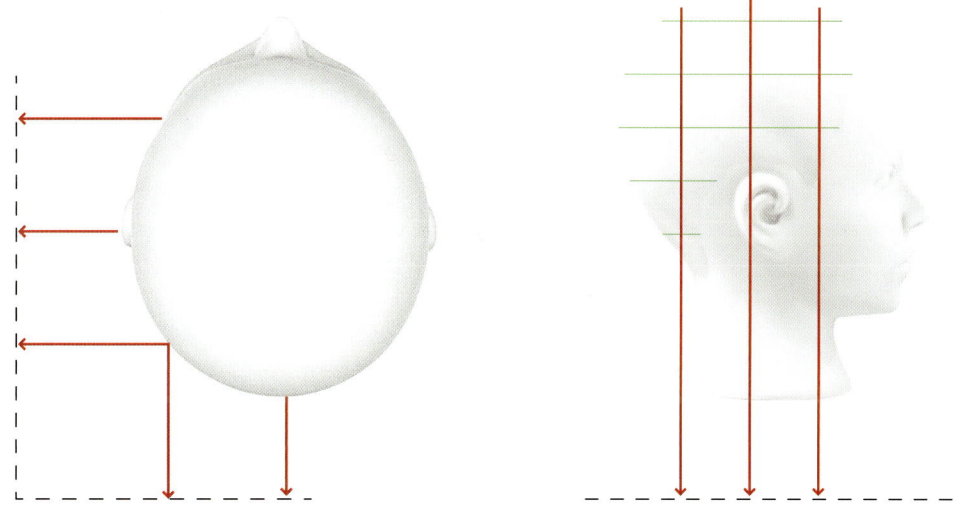

한 라인에 맞춰
직선의 형태로 커트를 진행한다.

스퀘어 형태의 헤어디자인

36 트라이앵글 커트란?

트라이앵글 커트는 한쪽이 길어지는 삼각형의 형태이며
특히 각진 얼굴을 보완하는 데 효과적이다.
섹션이나 각도, 길이에 따라 클래식한 스타일부터
크리에이티브한 스타일까지 다양한 스타일의 연출이 가능하다.

트라이앵글 커트의 특징

- 개성 있는 디자인
  - 기하학적인 디자인으로 강한 개성을 표현할 수 있다.

- 트렌디함
  - 트렌디하고 현대적인 느낌의 스타일 연출할 때 많이 사용된다.

- 얼굴형 보완
  - 각진 동양인의 얼굴을 갸름해 보일 수 있게 보완해 준다.

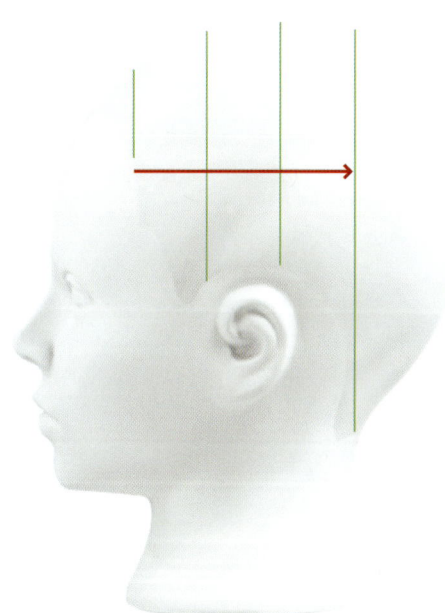

정해진 포인트를 기준으로
오버디렉션하여 커트를 진행한다.

트라이앵글 형태의 헤어디자인

37 커트의 3가지 테크닉이란?

원랭스

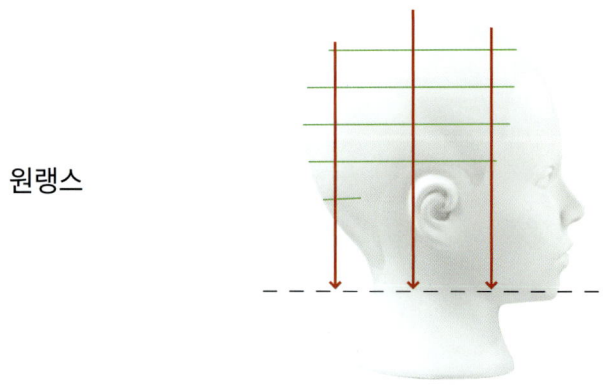

그레주에이션

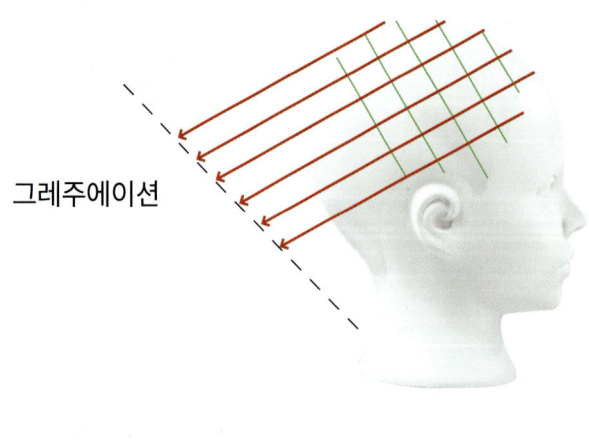

레이어

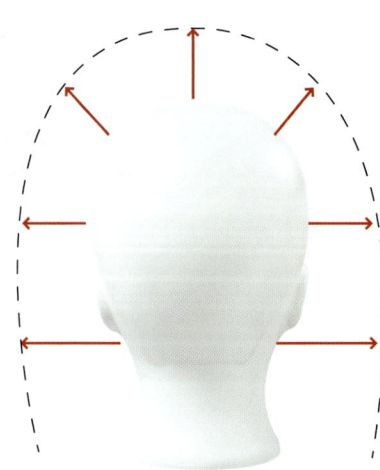

38 원랭스

- 0°
- 층이 없는 테크닉
- 표면이 매끄럽다.
- 모든 모발이 일직선상으로 떨어진다.

39 그레주에이션

- 1°~89°
- 미세한 층이 생긴다.
- 무게를 쌓아주며 볼륨을 만든다.

40 레이어

- 90°이상
- 무게를 제거한다.
- 층이 많이 생긴다.
- 경쾌한 움직임을 만들어낸다.

41. 커트의 3가지 베이스란?

온 더 베이스

오프 더 베이스

사이드 베이스

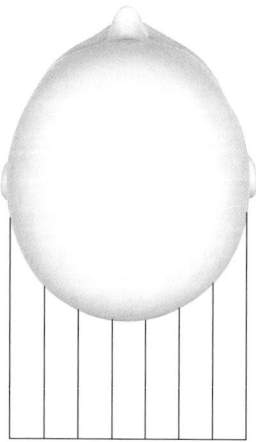

42. 온 더 베이스는 무엇이고 온 더 베이스로 커트하면 어떤 형태가 나오나요?

온 더 베이스의 특징

- 정중앙 당김
  - 베이스(기준면)를 따라 정확하게 일직선으로 당겨 자른다.

- 90° 각도 유지
  - 각 베이스(기준면) 두상 각도를 기준으로 90°로 모발을 당겨서 자른다.

- 테크닉에 따른 결과
  - 그레주에이션을 온 더 베이스로 자르면 라운드 그라데이션이 된다.
  - 레이어를 온 더 베이스로 자르면 라운드 레이어가 된다.

ON THE BASE

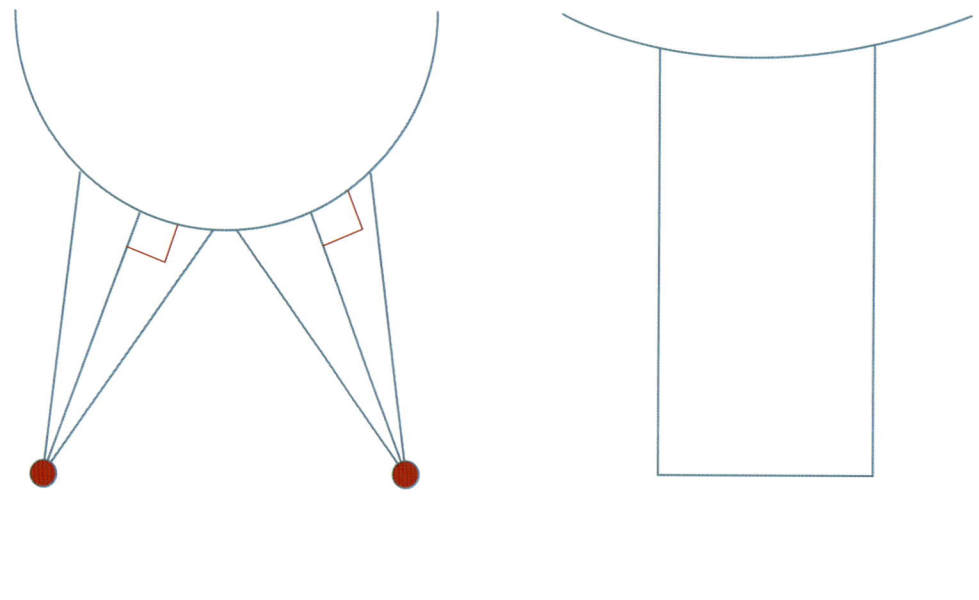

커트 각도　　　　　　　　　커트 단면

온 더 베이스 커트 스타일

43. 사이드 베이스는 무엇이고 사이드 베이스로 커트하면 어떤 형태가 나오나요?

사이드 베이스의 특징

- 전 패널 위치로 당김
  - 베이스(기준면)를 한쪽으로 당겨서 커트하는 방법으로 바로 전 패널의 위치로 모발을 당겨서 자른다.

- 바디 포지션 고정
  - 한 면에 맞춰 자를 때 바디 포지션을 고정한다.

- 테크닉에 따른 결과
  - 사이드 베이스로 커트하면 한쪽 또는 양쪽이 점점 길어지는 스타일을 만들 수 있다.
  - 레이어를 사이드 베이스로 자르면 스퀘어 레이어가 된다.
  - 그레주에이션에 사이드 베이스를 적용하면 전대각 보브 스타일을 완성할 수 있다.

SIDE BASE

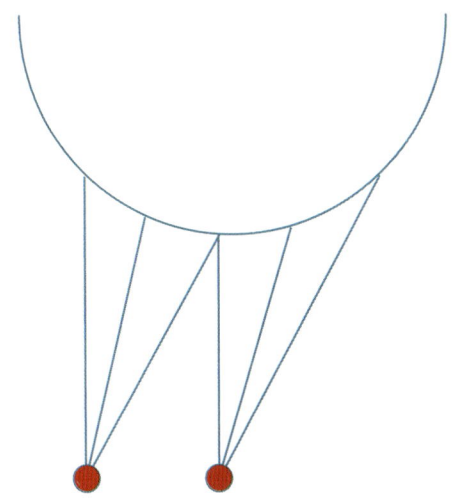

커트 각도

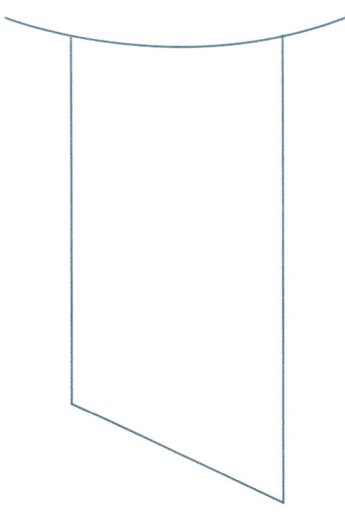

커트 단면

사이드 베이스 커트 스타일

44 오프 더 베이스는 무엇이고 오프 더 베이스로 커트하면 어떤 형태가 나오나요?

오프 더 베이스의 특징

- 임의의 점 설정
  - 베이스(기준면)에서 벗어나 커트하는 방법으로 베이스의 바깥쪽에서 임의의 점이나 방향을 설정한다.

- 오버디렉션 각도로 길이를 조절한다.

- 테크닉에 따른 결과
  - 앞쪽이 길어지는 보브컷
  - 한쪽만 길어지는 좌우 비대칭 스타일에 적용한다.
  - 디자이너의 판단에 따라 다양한 스타일을 연출할 수 있다.

OFF THE BASE

커트각도   커트 단면

오프 더 베이스 커트 스타일

45 스타일에 따라 커팅 섹션도 바꿔야 하나요?

원하는 형태를 정하고, 형태에 맞는 테크닉을 정했으면,
그 테크닉에 적합한 섹션을 선택해야 원하는 형태의 결과물을 만들 수 있다.
예를 들어,
레이어 커트를 하는데 호리존탈 섹션을 사용하면
레이어의 가볍고 경쾌한 느낌을 표현하기 힘들다.

커팅섹션에 따라 결과물도 달라지는 만큼
각 섹션의 특성을 잘 파악하고 이해해야 한다.

대표적인 커팅 섹션

- 호리존탈 섹션
- 버티컬 섹션
- 다이애거널 섹션

46 호리존탈 섹션으로 커트하면 어떤 스타일이 나오나요?

호리존탈 섹션은 모발을 가로로 나누어 커트하는 방법으로, 무겁고, 볼륨을 강조하는 스타일에 적합한 섹션이다.

호리존탈 섹션의 특징

- 무게 조절 용이
  - 가로패널을 겹겹이 쌓아서 커트를 진행하기 때문에 패널을 업, 다운하는 방식으로 움직여 무게를 컨트롤하기 쉽다.
- 적합한 스타일
  - 원랭스(층이 없는 스타일)
  - 그레주에이션(무게를 쌓아 올려 볼륨을 강조하는 스타일)

주의점

- 패널이 가로로 설정되기 때문에 좌우로 당기는 *오버디렉션*은 어렵다.

호리존탈 섹션

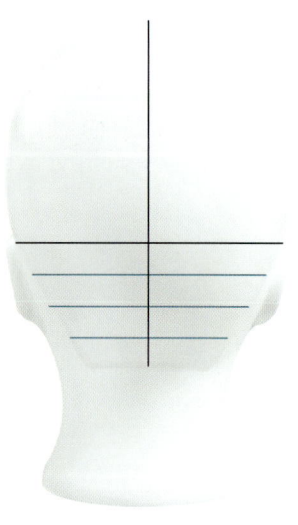

호리존탈 섹션을 사용할 때 컨트롤이 쉬운 스타일

47. 버티컬 섹션으로 커트하면 어떤 스타일이 나오나요?

버티컬 섹션은 머리를 세로로 나누어 커트하는 방법으로,
레이어드 커트에 효과적이며, 머리에 자연스러운 움직임과 흐름을 만들 수 있다.

버티컬 섹션의 특징

- 가벼움 조절
  - 불필요한 볼륨을 제거하고 가벼움을 쉽게 컨트롤할 수 있음.

- 적합한 스타일
  - 레이어드 스타일: 가볍고 율동감 있는 스타일을 표현하기 좋다.
  - 남자 커트: 직선을 강조하는 스타일에 적합하다.

- 각도 조절
  - 패널을 세로로 잡고 커트하기 때문에 위아래로 각도를 조절하기 어려움.
  - 베이스 좌우로 당기는 오버디렉션 조절이 쉬움.

버티컬 섹션

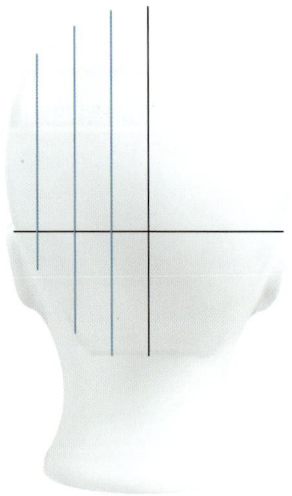

버티컬 섹션을 사용할 때 컨트롤이 쉬운 스타일

48. 다이애거널 섹션으로 커트하면 어떤 스타일이 나오나요?

가로와 세로의 중간 섹션이며,
커트 형태에 따라 가로에 가까운 사선, 세로에 가까운 사선 섹션으로도 사용한다.

다이애거널 섹션의 특징

- 동시 컨트롤
  - 버티컬 섹션과 호리존탈 섹션의 특징을 모두 가지고 있으며
    엘레베이션과 디렉션을 동시에 조절할 수 있고
    무게감과 가벼움을 동시에 컨트롤할 수 있다.

- 테크닉에 따른 적용
  - 세로에 가까운 사선
    레이어에 적용하여 가벼운 느낌을 만든다.
  - 가로에 가까운 사선
    그레주에이션에 적용하여 무게감을 만든다.

- 요약
  - 다이애거널 섹션을 사용하면 무게감과 가벼움을 동시에 컨트롤할 수 있다.
  - 빠르고 정확한 커트가 가능하여 살롱 컷에 적합하다.
  - 헤어 디자이너들이 선호하는 테크닉이다.

다이애거널 섹션

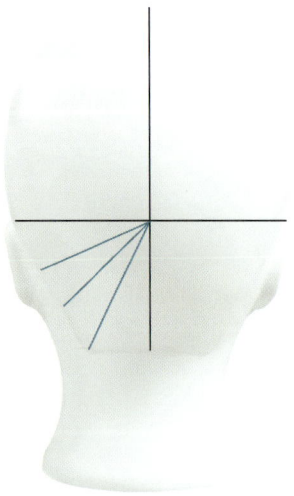

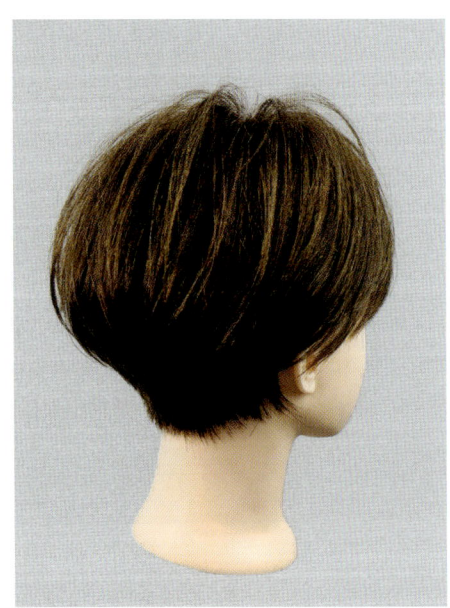

다이애거널 섹션을 사용할 때 컨트롤이 쉬운 스타일

살롱커트 노하우 48가지

초판 1쇄 | 2025년 5월 20일
펴낸이 | 정환수
펴낸곳 | 드림북매니아
저자 | 최준일
감수 | 전미영(기능장), 김원현
편집 | 최지민
등록 | 제 321-2008-00066
주소 | 서울시 송파구 12-5 미성빌딩
총판 | 드림북매니아 (02-512-8776 / 010-4212-3232)
전자우편 | dabin621@naver.com
일본서적 안내 | http://cafe.daum.net/dream-book
ISBN | 979-11-88104-36-9
정가 | 45,000원

이 책의 내용을 무단 복사나 복제, 전재는 저작권법에 저촉되며,
적발 시 법적 제재를 받을 수 있습니다.

잘못된 책은 바꾸어드립니다.